HUBBLE'S UNIVERSE
GREATEST DISCOVERIES AND LATEST IMAGES

"哈勃"的宇宙
伟大发现及最新的影像

TERENCE DICKINSON

[加] 特伦斯·迪金森 著　刘晗 谢懿 余恒 译

湖南科学技术出版社

致　谢

撰写本书需要专家团队，我有幸从第一天起就得到了支持。第一位要感谢的是美国空间望远镜研究所的新所长，雷·维拉德（Ray Villard）。一直以来，雷既是我的朋友、也是同事。他在空间望远镜研究总部的经历可以追溯到 1986 年——哈勃空间望远镜发射前 4 年。雷大半辈子都专心于"哈勃"研究，堪称是这座空间天文台的活字典，对它的历史、学术成就等方方面面如数家珍。我着手写书时，雷帮我解答了上百个问题，对我来说情深意重。他简直就是一个包罗星空的宝藏男孩，对本书的贡献值得大讲特讲。

另一位重量级人物就是我的出版商，萤火虫出版社的大老板莱昂内尔·科夫勒（Lionel Koffler）。过去 30 多年中，莱昂内尔与我合作了 10 本书。感谢他对图书品质的追求，只做好书，绝不退让。正因如此，色彩绝伦的天文图像才能跃然纸上。我在萤火虫出版的书已印刷过百万册，毋庸置疑，称得上是双赢合作。

还要感谢贾尼丝·麦克莱恩（Janice McLean），她在图形设计方面堪称天才，充满创造力，设计出的产品让人心生愉悦。编辑特蕾西·C. 里德（Tracy C. Read）有着敏锐的洞察力，一如既往地为我提供许多建议，让本书日臻完善。

最后，我要向我的妻子苏珊（Susan）致以最深刻的谢意。她是我在萤火虫出版的 10 本书的文字编辑和助理，没有她就不可能有这本书。苏珊能让普通的文字焕发出新生——让我在字里行间放声歌唱。

目　录

对页：这个令人眼花缭乱的球状星团 M9 距离地球约 25,000 光年，它的球形结构中聚集了大量恒星。M9 非常暗弱，肉眼不可见。1764 年，法国天文学家夏尔·梅西叶（Charles Messier）首次发现这个星团。从他的小望远镜看去，M9 只是一片暗淡的光斑。因此当时将其归类于星云。这幅由哈勃空间望远镜拍摄的 M9 图像是迄今最清晰的图像，从中能看出 250,000 颗独立恒星。

引 言

哈勃空间望远镜不仅属于迄今为止最伟大的科学设备，还为人类留下了一笔巨大的财富，为我们揭示了美丽的宇宙图景。本书为您展示并解释其中最摄人心魄的部分。

20 世纪 50 年代，我还是个少年，那时就深深迷上了阿瑟·C. 克拉克（Arthur C. Clarke）的科幻小说。克拉克才华横溢，很有远见。我在本地的图书馆浏览时，偶然发现了他在 1951 年出版的纪实作品《太空探索》（The Exploration of Space）。半个世纪前，《纽约时报》称这一经典著作是"科学专长与诗意想象的完美结合，引领我们进入太空时代"。

正是在克拉克的这本书里，我第一次对环地球轨道工作的空间望远镜有了些许了解。这种望远镜可以不受地球大气湍动的干扰，静静地凝视宇宙。地面望远镜会受地球大气湍动的影响，影像变得模糊，星星变得闪烁。早在几十年前，富有远见的克拉克就指出了在轨空间望远镜与未来或可实现的月球表面望远镜相比所具有的优点。"尽管月球大气十分稀薄，但还是会对精密的天文观测造成干扰，"他写道，"（此外）太空望远镜还可以对整个天空进行巡视。"

在轨望远镜甚至还能探测近距恒星周围的行星，克拉克对此很兴奋，写道："地面设备根本无法企及。"我不能再等了。那时我在一家出版社货运部门做暑期工，趁着打工的间隙，我在大张的牛皮纸上画下了无数铅笔草图。我想象着这些太空中的眼睛会看到什么样的情景——木星卫星表面的细节，球状星团 M13 中心的样子等——直到有一天被老板发现了，他警告我不要再浪费包装纸。

如今，克拉克预言的轨道望远镜被称作哈勃空间望远镜，于 1990 年投入运转。这架望远镜拍摄了精湛的全色图像，不仅把我在粗糙的牛皮纸上所画下的景象纷纷揭示了出来，还发现了几百个出人意料的天体。我为本书挑选了 300 多幅"哈勃"所拍摄的最佳影像，这件工作真是让人愉悦。其中的许多图片从未在科学期刊以及学术出版物之外的地方露过面，还有一些则是在 2012 年—2017 年空间望远镜研究所最新公布的图像。所有图片都附有文字说明，为这段壮美的阅读之旅领航。

"哈勃"是一座非凡的望远镜，这本《"哈勃"的宇宙》则是对它所取得的惊人成就的礼赞。来享受这一旅程吧！

特伦斯·迪金森

对页：饰物星云（SNR 0509-67.5）：哈勃空间望远镜拍摄，综合了美国国家航天局钱德拉 X 射线天文台的 X 射线图像。这是超新星爆炸激波撞击而成的星际气体壳层，直径约 23 光年。该超新星（恒星的毁灭性爆发）爆发于约 400 年前。该星云仍在以每分钟增大一倍地月距离的速度膨胀。

第一章 "哈勃"的宇宙

哈勃空间望远镜是美国国家航天局大型天文台计划的旗舰项目，是人类历史上最雄心勃勃、最具传奇性，同时也最扣人心弦的科学尝试。"哈勃"回报给我们的是无价之宝——它向我们揭示了宇宙。

1990 年，"哈勃"发射入地球轨道之前，关于空间望远镜可能会发现什么，众说纷纭。"哈勃"团队的科学家至少都赞同一点：如果空间望远镜所看到的只是我们预期的景象，那只会让人觉得很没意思。

"哈勃"的首要任务是测量宇宙的膨胀速率、寻找遥远的星系以及测定星系际空间里的化学成分。但是，所有人都希望，"哈勃"最重要的发现应该是解答天文学家尚未想到的问题，帮助我们寻找甚至自己都无法相信的天体。

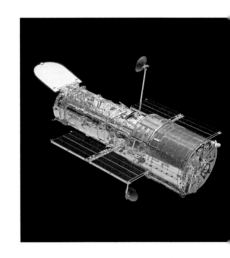

然而，没有人能想到，"哈勃"所拍摄的深空照片会如此美丽，令人叹为观止。也没有人想到，"哈勃"所获取的影像具有深刻的内在美，能吸引一整代人，让它成为举世公认的"宇宙壮丽图景"的代名词，仿佛为我们创造出了一双凝望宇宙的新眼睛。宇宙影像如水晶般清晰，将我们潜意识中的三维宇宙变为现实。图像的细节如此清楚鲜活，让观看者置身于深不可测的轮廓里，沉醉在罕见鲜亮的奇妙幻境中。

"哈勃"的影像极其清晰，令人瞠目结舌，那是因为它位于地球湍动的大气层之外，不受星光扰动的影响（这也是星星在漆黑的夜空下看上去闪闪烁烁的原因）。要是人眼像"哈勃"一样灵敏，就能在纽约看到东京上空飞舞的一对萤火虫。"哈勃"的超级视力为我们展示了宇宙中人类前所未见的地方。

"哈勃"图像所呈现的是远在晴夜繁星之外的另一个宇宙——一个充满奇异天体、剧烈爆炸和毁灭性撞击的世界，一个从未被发现过的国度：一个星系闯入另一个星系；恒星爆发出气体、尘埃和光的烈焰；新生恒星射出佩剑形状的气体喷流，向宇宙宣告它们的诞生。无边无际的黑色天幕中上演着一系列超越想象的剧情。

一幅"哈勃"快照就足以描绘出宇宙的美妙、神秘和壮观，从天体的剧烈活动到预测天象的变化，各类图像美不胜收。它们已经成为"哈勃"的标志，影响力深远，代表着永恒。从咖啡杯到时代广场的广告牌，再到科幻电影的场景，"哈勃"图像无处不在。

"哈勃"拍摄的图像没有国家、政治、意识形态的界限，所以它的视野中没有语言和文化的壁垒。这些图像既宏大又谦逊，触动了老老少少，提醒世人，在这个充满未知的浩瀚宇宙中，我们所生活的世界不过只是一叶方舟。每当宇宙中发生了什么趣事，人们就都期待哈勃空间望远镜能去一探究竟。

哈勃空间望远镜在地面上方 550 千米处绕地球转动，探测着宇宙空间中最原始的黑暗地带。对页图像由"哈勃"拍摄，以前所未有的精度展现了银河系附近最大的恒星育婴室。众多大质量恒星聚集在大麦哲伦云中，这个被称为 R136 的喧嚣的恒星形成区中。

哈勃空间望远镜的清晰度和锐利度远超此前的所有设备，像一只视力极好的大眼睛，审视遥远的星系。天文学家估计，在可观测的宇宙范围内，至少含有1千亿个星系，每个星系中都包含数百亿到数千亿颗恒星。这幅"哈勃"图像的前景是壮观的旋涡星系NGC 3370，距离我们约9,800万光年，直径8万光年（1光年等于10万亿千米）。这幅图像中还能看到许多更为遥远的星系；这些看上去很小的星系的距离是NGC 3370的10～50倍。与此类似，本书中的绝大多数图片都是对三维真实宇宙的二维平面表达。

上图是"哈勃"拍摄的冥王星,对页是火星。哈勃空间望远镜视力敏锐,揭示出我们近邻行星上的细节特征。地面望远镜就算再大,也无法看得如此清晰,因为"哈勃"的轨道完全位于地球大气湍流之上,不会造成影像模糊。

伽利略发明了第一架 30 倍望远镜,将它指向天空,看清了银河中的恒星、围绕木星的卫星,发现了地球绕日转动的铁证。"哈勃"是继伽利略之后天文学界最大的革新者。它的研究领域涵盖了几乎所有深空天文学的前沿项目,其中包括搜寻遥远的超新星,从而探测暗能量;探索星系质量与其中央黑洞质量之间的显著关联;研究大爆炸后几亿年内的星系形成;发现行星大气层中奇怪的暂现事件;探索那些围绕其他恒星运转的行星上与生命相关的化学问题。

通往群星的崎岖道路

哈勃空间望远镜的大小和公共汽车相当,重达 12 吨。自 1990 年发射以来,它已经对超过 38,000 个天体进行了 100 多万次的观测,积攒了 50 多万幅图像的数据资料。它所收集的天文数据相当于大约 5 千万本书,几乎是美国国会图书馆馆藏的 5 倍。

"哈勃"每年绕地球转 5,000 多圈,总路程超过 50 亿千米。

要将空间望远镜的效率和性能发挥到这种程度并非易事。"哈勃"曾一次次身处灾难的边缘,又一次次重新振作,变得比之前更加强大。

文字纸媒和电视纪录片都曾将这一幕幕剧情搬到观众面前。"哈勃"的热心支持者就像西部片里的骑兵,纷纷用自己的智慧和影响,挽救了这架空间望远镜。

"哈勃"的开局并不顺利。20 世纪 70 年代,由于美国国会预算削减,它的建造面临不止一次的取消。天文学家们争相去说服立法者,这架革命性的望远镜绝对物有所值。此外,它还是未来航天飞机极具魅力的载荷。事实上,早期的计划要求这架空间望远镜能够经常性地从地球轨道返回地面以便升级和维修,然后再由航天飞机发射升空。

1983 年,美国国家航天局将这架望远镜命名为"哈勃望远镜",以纪念 20 世纪初美国天文学家埃德温·P. 哈勃(Edwin P. Hubble,1889—1953),是他在 20 世纪 20 年代发现,星系其实是由数十亿颗恒星组成的遥远的巨大系统。之后,他又利用星系测量了宇宙的膨胀速率。很难相信,在那个时代,为了建造 2.5 米的胡克望远镜,要用骡子沿着威尔逊山的小路把部件拉到山顶,而哈勃正是使用这架望远镜得到了发现。他想象不到,仅仅三代人之后,就会有一架大小与之相当的望远镜飞行在地面之上 550 千米的地方。

1986 年"挑战者"号航天飞机失事后,把大型望远镜送入太空的进程陷于停滞。"哈勃"本是"挑战者"号计划运送的下一个载荷,可是"挑战者"号在 1986 年 1 月发射后爆炸解体了。于是,航天飞机复飞前,"哈勃"又在地面仓库里躺了好几年。

1990 年 4 月,航天飞机燃烧着普罗米修斯之火,将"哈勃"送入环绕地球的轨道。然而,就在几个星期后,工程师们开始疑惑"哈勃"传回的图像为什么不够清晰。他们怀疑"哈勃"的 2.4 米主镜没打磨好,星光无法汇聚到一个尖锐的小点上,导致图像模糊。

这真是莫大的讽刺!且不说空间天文台耗资巨大,至少图像清晰度应该比地面望远镜

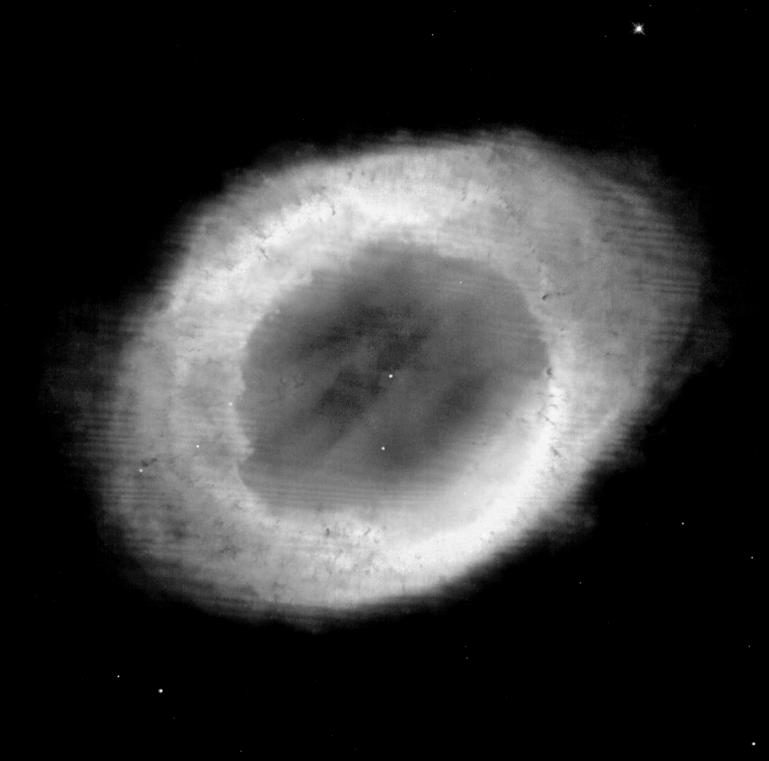

对页：太空中的环状星云，看起来像幽灵般的烟圈，实际上它是桶形的。我们从桶的开口处向下看去，看到的是一颗已经死亡的恒星在数千年前抛射出的气体。这幅"哈勃"图片揭示了星云边缘气体中的深色长条形物质团块，以及漂浮在蓝色高温气体中的垂死的中央恒星。这颗残存的中央恒星表面温度为 120,000 ℃。该环状星云位于天琴座，距离地球约 2,000 光年，直径约 1 光年。这里所显示的颜色近似于真彩色。

上图：我们在这幅哈勃空间望远镜的图像中，可以看到夜空中最亮的恒星——天狼星 A，以及它暗弱的伴星天狼星 B（左下方的小点）。天文学家对天狼星 A 过度曝光，才让天狼星 B 显现出来。天狼星 A 周围的十字衍射条纹和同心圆环是"哈勃"成像系统所产生的正常现象。这两颗恒星每过 50 年会相互绕转一周。距地球仅 8.6 光年的天狼星 A 是已知距离第 5 近的恒星系统。天狼星 B 是一颗白矮星，只比地球大一点，因而非常暗弱。

好上至少 10 倍。各种"今夜秀""晚间秀"的滑稽表演节目和政治漫画都对此大肆嘲讽。天文学家愤怒不已，称"哈勃"是科学史上最大的失败。美国国会对此也大为不满，美国国家航天局的未来岌岌可危。

不过，让天文学家多少有点释怀的是，就算"哈勃"的图像有点模糊，那也比地面望远镜看到的清楚。此外，计算机算法可以大幅降低图像的模糊程度，使其边缘锐化，只不过有些光线受到影响，不得不被弃用。这也算是为了弥补图像清晰度付出的代价吧。不过，"哈勃"原本的设计初衷就是要观测极为暗弱的天体，损失光线确实让它的观测能力大打折扣。

3 年后，宇航员为"哈勃"安装了一个精巧的光学改正装置，终于修复了这个问题，为后续 1997 年、1999 年、2002 年以及 2009 年的航天飞机维修和升级任务打开了大门。能为地球轨道上的空间望远镜服务，这称得上是航天飞机取得的最伟大成就。

每次执行轨道任务时，宇航员都会带着长长的待办事项清单，更换一系列已经失灵或者老旧的硬件，其中包括用于控制望远镜指向、但又常出问题的陀螺仪。不过，最重要的是，"哈勃"的科学仪器——照相机和摄谱仪——可以常常升级。这些尖端设备表现优异，让"哈勃"在过去的 20 年里一直保持高产。截止到 21 世纪初，哈勃空间望远镜的性能已经远远超出最初设计者的想象。

然而，好事多磨。2004 年"哈勃"面临着提前退休的境地。时任美国国家航天局局长的肖恩·奥基夫（Sean O'Keefe）取消了"哈勃"升级维修计划内的最后一次任务，因为"哥伦比亚"号航天器发生悲剧事故，在美国得克萨斯州上空解体，7 名宇航员罹难。理性告诉奥基夫，相比于当时航天器唯一绝对安全的任务——往返国际空间站，升级维修"哈勃"的任务太危险了。

谁知，公众强烈反对弃用"哈勃"，舆论势不可挡。这架望远镜不仅是一个人人爱戴的太空设备，它更是我们的宇宙使者，让我们拥有探索宇宙最根本问题的能力。抛弃"哈勃"的想法令人震惊，就像当初把原本是太阳系九大行星的冥王星降级成矮行星的消息一样。"哈勃"是"人民的望远镜"。

2006 年，美国国家航天局新局长迈克尔·格里芬（Michael Griffin）上任，重启了最后一次"哈勃"升级维修任务。2009 年，除却众多修理工作，还给"哈勃"安装了一台迄今为止最强大的空间照相机。从此，"哈勃"的性能跃入更高的境界。

宏伟的大教堂彰显着上帝的荣光；大金字塔昭示着对死亡的恐惧；中国的长城是终极防御的要塞；巴拿马运河是全球运输史上恰逢其时的革命。哈勃空间望远镜也在历史教科书中留下了浓墨重彩的篇章，它代表了人类最纯粹的好奇心，值得被永远铭记。

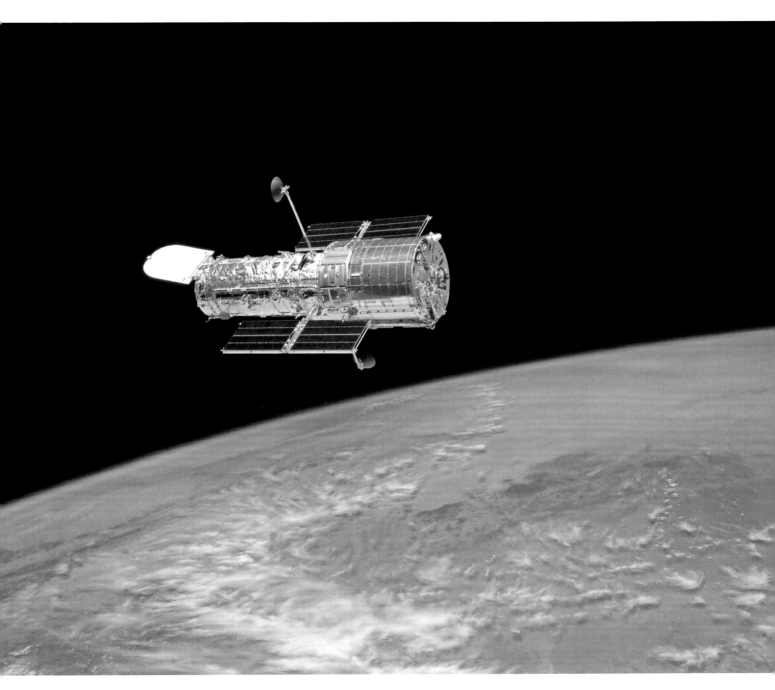

"哈勃"凝视着深邃的宇宙，比之前任何仪器看得都远。这幅图是它观测的一小片天区，相对大小就像把本书中的句号放到一臂之外处的样子。图中可以看到，这块相对较小的区域内含有数千个星系，每个星系中又包含数十亿颗恒星。除了我们银河系的一颗恒星之外（位于左下角，"哈勃"的光学支架造成了星芒，因此易于辨认），图中的其他所有天体都是星系。

上图：车轮星系，约 5 亿光年远，是两个星系碰撞的产物。此次碰撞后，花了 2 亿年的时间才形成了这一车轮的形状。外围的环状结构含有许多新生的恒星，因而发出蓝光。

右图：船底星云，是银河系最大的恒星形成区，它的中心有一座由气体和尘埃构成的宏伟山峰。低温氢气云的坍缩形成恒星。随着恒星的生长，它的引力会吸引更多物质。最终，周围盘中的尘埃聚集成团时，就会在这些新生恒星周围形成行星。

重启"哈勃"

航天器对哈勃空间望远镜的升级和维护成就了它在四分之一个世纪内的顶级天文发现。

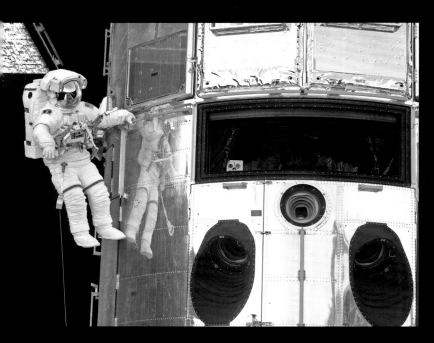 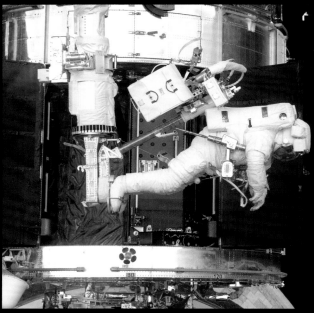

左上：2009 年 5 月 14 日，宇航员约翰·格伦斯菲尔德（John Grunsfeld）实现了第一次太空行走（总计 5 次），对哈勃空间望远镜进行维护，开始了对这架在轨望远镜为期一周的精调工作。格伦斯菲尔德是一个与"哈勃"有着悠久渊源的太空行走行家，在"维护任务 4"中参与了 3 次太空行走。请注意，"哈勃"周围的扶手是为宇航员专门安装的，牵引绳在格伦斯菲尔德双手作业时保障他的安全。

右上：2009 年 5 月 16 日，宇航员安德鲁·福斯特尔（Andrew Feustel）把脚固定在"亚特兰蒂斯"号航天器的机械臂顶端，开始了"维护任务 4"中第 3 次太空行走。经过 6 小时 36 分钟，福斯特尔和格伦斯菲尔德拆除了矫正光学阵列，安装了新的宇宙起源摄谱仪，修理了高新巡天相机。这是航天器最后一次造访"哈勃"，同时，这一极其成功的维护任务也为这架大望远镜安装了迄今为止最强大的仪器设备。

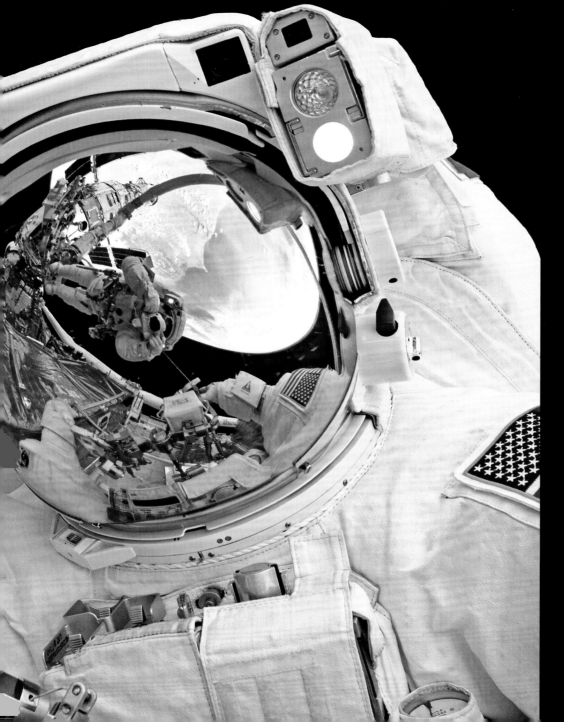

上图：2009 年 5 月开展了"维护任务 4"，宇航员迈克尔·古德（Michael Good）搭乘"亚特兰蒂斯"号航天器的机械臂，前往"哈勃"需要继续维护的精确位置。此次任务安装了两台新仪器，维修了另外两台旧仪器，还更换了"哈勃"的电池、精密导星传感器以及隔热板。

左图：宇航员约翰·格伦斯菲尔德（John Grunsfeld）站在机械臂上的特写。图上还有宇航员安德鲁·福斯特尔（Andrew Feustel）的倒影。

右图：1997 年的第二次维护任务拆除了高分辨率摄谱仪，为安装新仪器做准备。"哈勃"可以容纳 4 台电话亭大小的仪器，及 4 台钢琴大小的设备。

左下：1993 年"哈勃"的第一次维护任务，宇航员准备前往这架空间望远镜的顶部。

右下：2009 年的太空行走，大视场照相机 3（WFC3）已准备好安装到位。

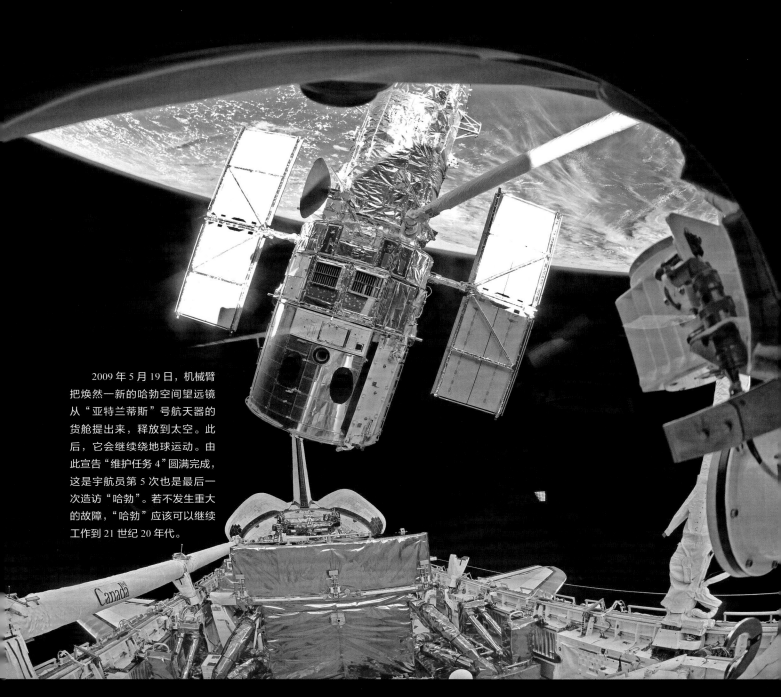

2009 年 5 月 19 日，机械臂把焕然一新的哈勃空间望远镜从"亚特兰蒂斯"号航天器的货舱提出来，释放到太空。此后，它会继续绕地球运动。由此宣告"维护任务 4"圆满完成，这是宇航员第 5 次也是最后一次造访"哈勃"。若不发生重大的故障，"哈勃"应该可以继续工作到 21 世纪 20 年代。

2009 年 5 月 13 日，"亚特兰蒂斯"号航天器的机械臂抓住哈勃空间望远镜，一名参与"维护任务 4"的宇航员拍摄了这张照片。他们即将对哈勃进行维修和升级。照片左侧可以看到一块太阳能板的背面（共有两块）。

哈勃空间望远镜于 1990 年发射，是迄今为止最成功、最高产的科学设备，受到社会各界的广泛认可。

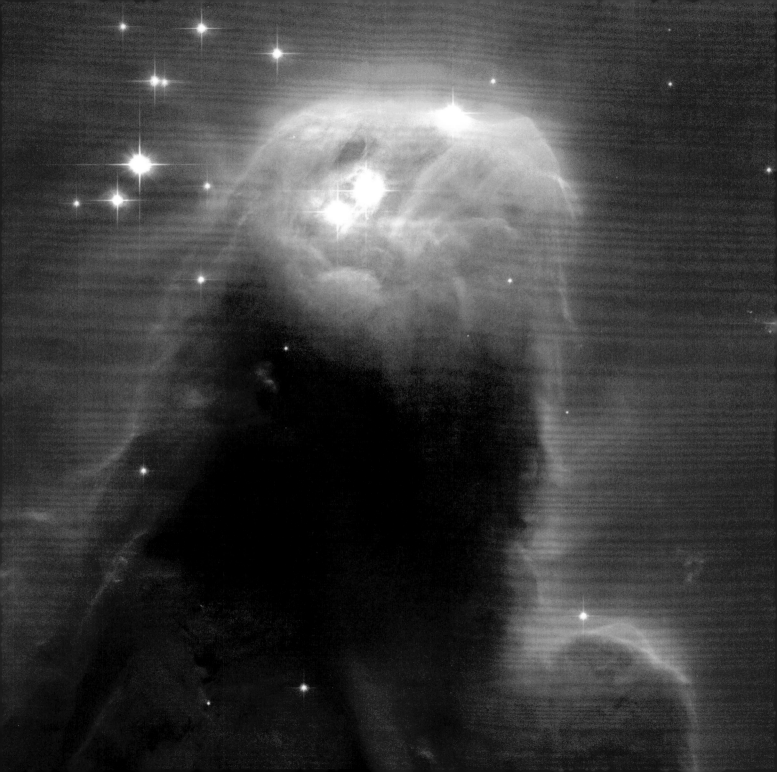

第二章　最高科学成就

1990 年，哈勃空间望远镜发射升空，那时宇宙仍不为人所熟知。地球上最强大的望远镜也只能看到半个宇宙。天文学家不知道其他恒星周围是否存在行星，就连宇宙的年龄也不太确定。遥远的宇宙深处发生着各式各样的剧烈活动，但没有任何观测证据能告诉我们，究竟是什么引发了那些爆炸。

1990 年，"发现"号航天器将哈勃空间望远镜送入近地轨道，此后，便迎来了一系列连珠炮式的发现和突破。后来，"哈勃"的大型天文台姐妹——斯皮策空间望远镜和钱德拉 X 射线天文台也一一加入，"哈勃"成了空间天文学新黄金时代的开拓者。

如今，许多山顶的天文台都有直径 8 米、10 米的单镜面、拼接镜面望远镜，和他们相比，"哈勃" 2.4 米的主镜根本不算大。但它在地球大气层之上，不受大气影响，这样的观测条件让一切大不相同。"哈勃"可以在大视场中获得比地面上最大的望远镜还清楚 10 倍的影像，而且始终如此。

对页：这个天体看起来如同一只可怕的怪物从深红色的海面探出头。实际上，它是由气体和尘埃构成的气体柱，称为锥状星云。这张由哈勃空间望远镜拍摄的图像展现了它的上半部分，长约 2.5 光年，与地月往返 2,300 万次的距离相当。锥状星云位于麒麟座，距离地球 2,500 光年。在数百万年的时间里，来自高温年轻恒星（位于该照片上方之外）的辐射会慢慢地把它侵蚀掉。

左图：哈勃空间望远镜是美国国家航天局在轨天文台编队的明星，无论地球表面的气象条件如何，都可以对太空进行观测。

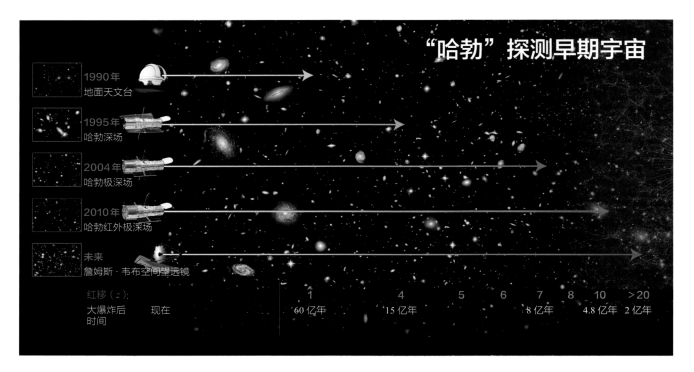

"哈勃"探测早期宇宙

| | 1990年 地面天文台 |
| 1995年 哈勃深场 |
| 2004年 哈勃极深场 |
| 2010年 哈勃红外极深场 |
| 未来 詹姆斯·韦布空间望远镜 |

红移（z）:

| 大爆炸后时间 | 现在 | 1 | 4 | 6 | 7 | 10 | >20 |
| | | 60亿年 | 15亿年 | 8亿年 | 4.8亿年 | 2亿年 |

　　望远镜所观测的宇宙越来越深邃，我们所能回溯的日期也越来越早。来自遥远天体的辐射记录下了当这些光离开该天体时的状况。实际上，我们所看到的是一幅早期宇宙的快照，所处时间距离大爆炸只有几亿年。仿佛是大自然的规律创造出了一部时间机器，让我们可以回窥宇宙在地球形成前数十亿年的样子。

　　目前，地面望远镜也采用了自适应光学系统，能够测量视线上的大气湍流，可消除大多数大气模糊效应，这样一来，地面大型望远镜就可以部分赶上哈勃空间望远镜。但"哈勃"还有一门独家本领，即观测极端暗弱天体，因为在大气层之外没有天空背景辉光，不会遮蔽孱弱的星光。即使在地球表面最黑的夜空下，地球大气也会发出暗弱的背景光，称为气辉，这种背景光与生俱来，时时存在。此外，地球人口不断增加，来自城市的光污染也成了日益严重的问题，即使是远在山顶的望远镜，也无可避免。

　　"哈勃"的光学视力非常稳定：观测条件的好坏绝不会随着时间、或自身运动轨道而发生改变。因此我们能够以相同的分辨率和成像质量多次观测、研究同一天体，尤其是在探测某个天体的光线、运动或者其他行为中的微小变化时，这一特性显得尤为重要。天文学家必须确保这些变化来自天体自身，而非地球大气视宁度改变而导致。

　　"哈勃"观测的波段很宽，不仅可以观测由非常高温的恒星发出的紫外辐射（如我们所知，紫外线对生命有害，地球大气上层的臭氧层可以有效阻挡它），还能在近红外波段观测，这一能力让它可以穿透尘埃，看到隐藏其间的恒星。红外视力的一大回报就是让我们看到了宇宙中最遥远的天体。

"哈勃" 最重大的发现

1. 星系从更小的结构演化而来

  "哈勃"发射前，天文学家对于宇宙诞生之后的星系演化方式莫衷一是，构建了许多理论模型。根据大爆炸理论，早期宇宙是一片由质子和亚原子粒子组成的混沌海洋。后来，宇宙膨胀，最终冷却到一定温度，刚好可以在混沌之中形成结构。

  研究宇宙早期历史的天文学家最远可以看到红移值等于 0.7（称为 $z=0.7$）的正常星系，这个术语的意思是星系距离我们约 70 亿光年。但这一深度还不够远，天文学家无法从众多相互竞争的理论中甄别出谁能更好地描述早期宇宙中星系的形成和演化。一些天文学家担心，70 亿光年之外的天体所发出的光过于微弱，无法用望远镜探测到。1985 年，一些计划启用"哈勃"的顶尖天文学家组成了委员会，但他们也顾虑重重，担心耗费大量珍贵的轨道时间对宇宙"深度曝光"，也有可能无果而终。他们觉得，来自遥远星系的光会扩散开来，因为过于弥散而无法被"哈勃"观测。

  幸运的是，大自然很配合。即使在 1993 年光学系统还没修复时，"哈勃"的观测结果就显示，当时所能观测到红移（$z=1.5$）最大的星系（对应 90 亿光年的距离）要比我们如今所看到的近邻星系还小。因此，它们发出的光会集中在一个较小的区域里。这样一来，遥远的星系也可以被"哈勃"探测到。

  左下：自大约 140 亿年前，大爆炸创生以来，宇宙一直在随时间演化。哈勃空间望远镜的发射大大增进了我们对宇宙过往的了解。

  右下：在哈勃空间望远镜之前，天文学家不得不仰仗地面望远镜，来获得整个宇宙的图像。这是一幅从 20 世纪 80 年代起，"哈勃"前时代所遗留的遥远星系的典型照片，由基于地面的研究用望远镜拍摄，看起来相对模糊，可以把它们和第 36—39 页上的照片进行对比。

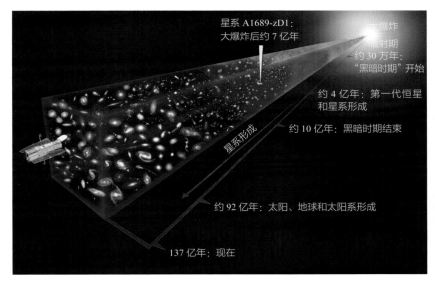

星系 A1689-zD1：大爆炸后约 7 亿年

约 30 万年："黑暗时期"开始

约 4 亿年：第一代恒星和星系形成

约 10 亿年：黑暗时期结束

星系形成

约 92 亿年：太阳、地球和太阳系形成

137 亿年：现在

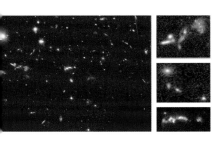

上图："哈勃"拍摄的第一批深空图像，为我们揭示了数千个星系。插图展示了较早期宇宙中的星系间碰撞、飞掠和其他相互作用。

右图：这幅"哈勃"深空图像拍摄于 1994 年，展示了 120 亿光年之外的星系。"哈勃"发现了大量形状怪异的星系，为星系并合和相互作用提供了佐证。

对页：如今我们拍摄的最深邃的宇宙图像需要曝光 270 个小时以上。这幅"哈勃"图像包含了 10,000 个处于不同演化阶段的星系。它在宇宙中覆盖的天区很小，甚至比一臂之外所见的针头还要小。仔细浏览后面 4 页图片，可以看到这幅图景的全部细节，由此可以领略宇宙整体图景的最佳影像。要想按照这一精度拍摄整个天空，需要"哈勃"以相当长的曝光时间再拍摄 1,300 万幅照片。

"哈勃"的视线深入一片宇宙中的塞伦盖蒂草原[1]，里面充满奇异的小天体，我们认为这些不完整的天体是银河系的远祖。"哈勃"的图像显示，早期宇宙中充斥着形状特殊的"变态"星系，它们被戏称为"蝌蚪"和"火车残骸"。这是一片史前的领域，"哈勃"升空前，人们甚至不曾想过，有朝一日竟会目睹这个时代。哈勃空间望远镜可以分辨出仅有银河系部分大小的结构，因而能够揭示出这些遥远天体的形状，让天文学家有史以来第一次能够区分遥远星系的多样类型，追踪它们的演化。

---

1. 塞伦盖蒂草原：东非大裂谷中间的草原，水草茂盛，物种繁多。——译注

第 36 页　第 37 页
第 38 页　第 39 页

UDFj-39546284 是迄今能识别出的宇宙中距离我们最遥远的天体之一，它所发出的光要花 132 亿年的时间才能抵达"哈勃"。这个天体是由蓝色恒星所组成的致密星系，位于宇宙大爆炸后 4.8 亿年处，当时宇宙的年龄只有今天的 4%。

这样的发现无异于从地壳沉积层中钻取出最深的岩心样本，令人欣喜不已。1993 年到 1998 年间，罗伯特·威廉姆斯（Robert Williams）担任空间望远镜研究所所长，把大量所长观测时间投入到拍摄宇宙最深处的图像上。"哈勃"所能观测到的星系比 20 世纪 90 年代中期地面望远镜所能看到的暗弱许多倍。

2002 年，"哈勃"的高新巡天相机安装到位，下任空间望远镜研究所所长史蒂夫·贝克威思（Steve Beckwith）担心天文学家在遥远距离上只看到了致密天体，忽略了大型星系，因此他进一步发展"哈勃"极深场观测。虽然能看得更远，但只看到了发育中的不完整星系。

2009 年，"哈勃"负载的"大视场照相机 3"深入红外波段，发现了存在于宇宙年龄仅 4.5 亿年时的天体。

天文学家比较了位于不同距离上的星系，就像观看电影一帧帧的画面。"哈勃"深场巡天揭示了宇宙在婴儿阶段时的结构形成过程，以及后来星系合并演化的动态阶段。"哈勃"发射之前，近距碰撞星系难得一见。但深场观测却表明，宇宙早期，星系间碰撞要比预期更频繁，直接证明了宇宙确实在随着时间而改变。

这幅影像已发挥了"哈勃"的观测极限。圆圈标记出的是已知最遥远星系团中的成员。我们看到宇宙年龄只有 6 亿岁时，它们已经在形成了。

2. 星系普遍具有超大质量黑洞

现代天文学中最怪诞、也最吸引人的概念当属"黑洞"了。事实上，黑洞的想法可以追溯到 1786 年。当时科学家运用牛顿引力定律，猜想宇宙中应该存在一种"暗星"，它们的质量非常大，即使光也无法从那里逃逸。20 世纪 60 年代，约翰·惠勒（John Wheeler）

超大质量黑洞的艺术概念图。黑色的空间就是黑洞周围的视界，就连光也无法逃逸。

创造了"黑洞"这个词，用以描述一颗引力坍缩的恒星。这颗恒星非常致密，就连光都无法逃出去。几年后，X 射线天文学家确认了恒星质量黑洞的存在，发现这个黑洞围绕一颗普通恒星转动。从那时起，类似案例层出不穷。双星系统中，一颗恒星发生爆炸和坍缩时，就会产生一个黑洞。这个黑洞可以吞食其伴星的物质，产生 X 射线暴。

天文学家怀疑，质量更大的黑洞必定是"引力引擎"，驱动着不同距离上的各类极端剧烈现象。这些现象包括赛弗特星系、蝎虎天体、耀变体以及最重要的——类星体（类恒星天体）。

就连地面望远镜都能看到这些 100 亿光年之外的明亮的类星体灯塔。虽然它们早在 20 世纪 60 年代就已被发现，但几十年来一直迷雾重重。类星体本质究竟为何，这个问题困扰着天文学家。不过，很早以前类星体的数量明显更多。1996年，"哈勃"的观测显示，类星体位于各式各样星系的中心，其中许多星系都在经历碰撞。这些碰撞把星系中的气体和尘埃送往黑洞；狼吞虎咽的黑洞让星系核心的类星体如喷灯一般爆发，万分明亮。

为了搞清楚这些看不见的黑洞，确定它们的质量是否远超恒星，需要使用高精度光谱来做"称量"。1994年，天文学家把"哈勃"对准距离我们最近的"迷你类星体"——室女座巨椭圆星系M87的明亮核心。与更遥远的类星体一样，星系核以接近光速的速度射出一道物质喷流。围绕极端致密天体的吸积盘是解释这一喷流"引擎"的最佳模型。吸积盘为喷流提供燃料，黑洞则充当了引擎。纠缠在一起的强大磁场为喷流打造了一个喷嘴，就像花园里的水龙头，限制住喷射的物质。

"哈勃"测量出M87的内核质量几乎相当于30亿个太阳质量。这种测算能力完全得益于"哈勃"搭载的暗天体摄谱仪，它可以测量绕黑洞螺旋转动的高温气体。这种现象前所未有，盘的速度表明有极高程度的物质聚集。但这些物质却并不像恒星那样发光。

1997年，天文学家普查了27个近距星系，发现它们都具有中央黑洞。由此天文学家

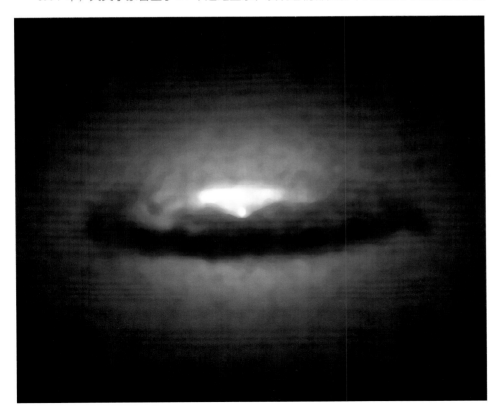

这个太空中的巨大"轮毂盖"是环绕星系NGC7052中央黑洞的吸积盘，直径3,700光年。物质盘旋掉入黑洞，受到挤压，产生辐射爆发，由此遮蔽了这个重达3亿个太阳质量的黑洞影像。NGC7052距离我们2亿光年。

通过测量黑洞附近被俘获气体的速度，就能发现黑洞信号。这个 Z 字形的光谱表示存在高速转动的气体盘。

上图：这道气体喷流由一个重达 66 亿倍太阳质量的黑洞驱动，正以每小时 3.2 亿千米的速度在太空中疾驰。

右图："哈勃"发现，类星体位于活动星系的核心。

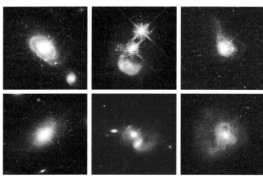

得出结论，超大质量黑洞普遍存在，每个大型的星系都有。更重要的是，"哈勃"发现超大质量黑洞的质量与星系中央恒星核球的质量相关。核球越大，中央黑洞的质量越大。虽然其中的反馈机制尚不为人知，但星系演化与中央黑洞的生长有所关联。目前有 6 种可能的理论，但没有一个能肯定黑洞与星系究竟有何联系。

图中的小圆圈标记出了中等尺度的黑洞，约 500 个太阳质量。它可能曾经是一个矮星系的核心，后来被它现在所在的侧向星系所吞食。图中的蓝光来自于环绕这个黑洞的星团。

3. 存在暗能量

　　"哈勃"的一个重点计划就是测量宇宙膨胀的减速率。20 世纪 20 年代末，埃德温·哈勃（Edwin Hubble）率先发现，宇宙犹如一个充气的气球，朝各个方向膨胀。宇宙学家根据这个观测证据建立了大爆炸理论，预言宇宙曾经高温致密，此后便一直膨胀至今。1990 年，美国国家航天局用宇宙背景探测器（COBE）精确地测量到大爆炸冷却的余晖，发现它与预言精确相符，从而证明了这一理论。一般认为，大爆炸之后，引力会对空间施加一定阻力，就像一个沿斜坡向上滚动的小球，最终会逐渐减速。问题是，是否存在足够的引力，让宇宙的膨胀在几十年时间里持续减慢。哈勃空间望远镜能够观测到遥远超新星，精确测量它们的距离，这种能力让天文学家可以回溯时间，测量宇宙早期的膨胀速率。

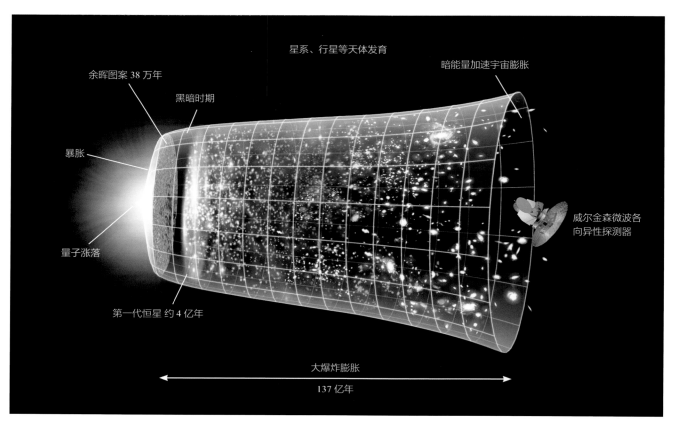

星系、行星等天体发育

暗能量加速宇宙膨胀

余晖图案 38 万年

黑暗时期

暴胀

量子涨落

第一代恒星 约 4 亿年

威尔金森微波各
向异性探测器

大爆炸膨胀

137 亿年

上图：自 137 亿年前大爆炸起，宇宙演化的主要阶段。

右图：2003 年，威尔金森微波各向异性探测器观测到了大爆炸余晖（见上图）中的温度涨落，这是早期宇宙孕育星系团起源的种子。

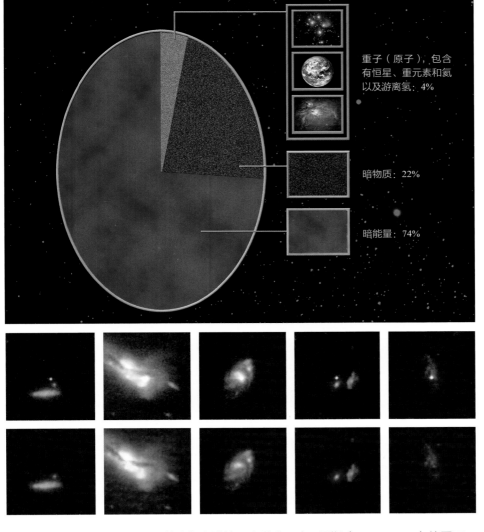

重子（原子），包含有恒星、重元素和氦以及游离氢：4%

暗物质：22%

暗能量：74%

从 20 世纪 90 年代末至 21 世纪第一个十年之初，宇宙组成成分的宏观图像终于变得清晰了。我们最熟悉的部分——行星、卫星、恒星、星云和星系——只占据不到 1% 的宇宙成分。不发光的物质（绝大部分是散布在整个宇宙空间中的氢）约占 3%，其余的则是十分神秘的暗物质，还有至今依然完全是谜的暗能量。

"哈勃"观测宇宙的深处，捕捉到了遥远星系中的超新星。左侧底部的两排图像显示了超新星爆发时（上排，注意其中的光点）和爆发前（下排）的景象。

1998 年，美国约翰斯·霍普金斯大学的天文学家亚当·里斯（Adam Riess）编写了一套计算机程序，根据"哈勃"所搜集的超新星巡天数据计算宇宙膨胀的减速率。可是计算机不断给出宇宙的"负质量"。里斯一开始认为，这只不过是程序中的错误。但他随后意识到，或许计算机程序是在让不可能成为可能：宇宙中存在一种斥力。不过在里斯还没意识到这一惊人的结果时，计算机已经以一种有条不紊的方式得出了结论。

美国加利福尼亚州，劳伦斯伯克利国家实验室的索尔·珀尔马特（Saul Perlmutter）领

宇宙中最遥远的超新星爆发现象表明，宇宙并非一直加速膨胀，而是有过减速的阶段，直到后来暗能量战胜了引力。这幅"哈勃"影像的局部放大图对比了没有超新星（左）和 2010 年 10 月 10 日"哈勃"观测到超新星（右）的样子。

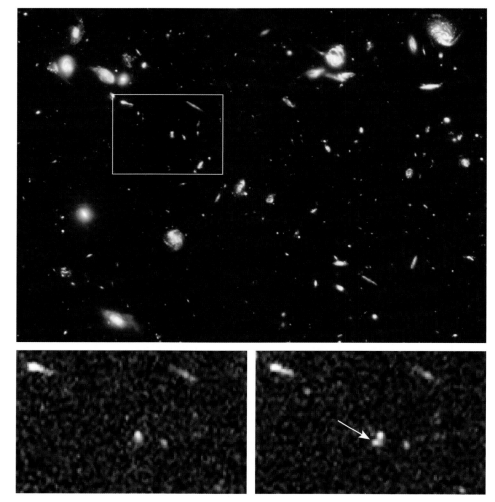

导了一个团队，独立发现了宇宙膨胀速率的类似加速现象。团队同样也发现，遥远超新星要比预期更暗，这意味着我们与超新星之间存在更多空间。宇宙并非减速或"正好在惯性运动"。由此得出结论，宇宙目前必定在以比过去更快的速度膨胀。

　　这两个团队都无意中发现了爱因斯坦宇宙学常数。75 年前，该常数被首次提出，用于抗衡引力，防止宇宙向内坍缩。如今我们将它称为暗能量。

　　后来，"哈勃"观测到了一颗 100 亿年前的超新星，这个观测结果证明了暗能量的真实性。这颗超新星亮度十分诡异，比预期的还要亮很多。这表明，宇宙膨胀在很久之前确实有过减速阶段，但从那之后到现在一直处于加速状态。这一拉锯战的转折点出现在大约 70

亿年前。目前，天文学家正在进行更多的观测，希望更好地了解暗能量，看看它是否真如爱因斯坦的宇宙学常数那样。迄今为止，哈勃空间望远镜的观测显示，宇宙寿命之内的暗能量很稳定。如果它不稳定，宇宙就可能会被撕裂，或反向坍缩。

天文学家已针对下一代望远镜提出了一些新的研究方法，包括寻找更多的超新星，以及测量空中声学振荡。大爆炸原初等离子体内的气体压强与引力相互作用，产生了空中声学振荡。

4. 确定宇宙膨胀速率

19 世纪末，科学家怀疑地球肯定比我们想象的更老。不论是地质学，还是正在兴起的达尔文生物进化论都表明，地球出现缓慢的地质活动变化、不同物种的相继出现，期间至少需要 10 亿年。这个数字远超《圣经》中所记载的 10,000 年，也超过了开尔文根据热力学计算得来的 4 亿年。爱因斯坦认为，宇宙肯定是静态的，因此兴许也是永恒不变的。然而，按照他自己的引力理论，宇宙却会胀裂或者坍缩。

1929 年，埃德温·哈勃（Edwin Hubble）为宇宙的有限年龄提供了第一个观测证据。哈勃常数显示，距离越远的星系，远离我们的运动速度越快。这说明空间在朝各个方向膨胀。通过精确地测量宇宙膨胀速率，天文学家得以校准宇宙时钟，计算宇宙的年龄。不过

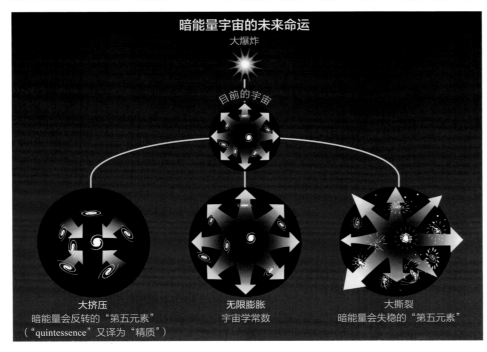

暗能量宇宙的未来命运

大爆炸

目前的宇宙

大挤压	无限膨胀	大撕裂
暗能量会反转的"第五元素"	宇宙学常数	暗能量会失稳的"第五元素"
（"quintessence" 又译为"精质"）		

天文学家第一次意识到宇宙加速膨胀时，普遍认为它会永远膨胀下去。但实际上，如果我们能更好地认识暗能量的本质和特性，对于宇宙的命运或许还会有其他的可能猜测。如果暗能量的斥力强度已经（或即将）超过爱因斯坦的预言，宇宙未来就可能发生"大撕裂"，把自己扯碎。在此过程中，宇宙会急剧膨胀，先是星系，然后是恒星，接着是行星，最后是原子，都会在这场最终的灾难中罹难。目前，这个观点还只能算作是猜想，理论家还在讨论它。在其他极端的情况下，可变的暗能量或许会减弱，随后让力的作用方向相反，把宇宙往回拉而非向外拽。按照这种猜想，会发生"大挤压"，宇宙最终会坍缩内爆。天文学家认为，这种可能性极低。（见下页插图）

科学家越深入了解暗能量，就发现它越像爱因斯坦提出用来平衡宇宙自身引力的斥力。"哈勃"的科学家说，就算最后发现爱因斯坦错了，暗能量也不会在1万亿年之内摧毁我们的宇宙。尽管暗能量占据了宇宙的70%，宇宙学家仍对它几乎一无所知，但大家正努力测量暗能量的两大基本特性：强度和稳定性。关于暗能量，目前有两种主流的解释，其他可能性都比较另类。就像爱因斯坦在"宇宙学常数"中所提出的，暗能量可能是从真空中渗透出的能量。这一理论预言暗能量强度恒定，不会随着时间改变。还有一种说法：暗能量是一种会变化的能量场，被称为"第五元素"（"quintessence"又译为"精质"），这个能量场或许就是让如今的宇宙加速膨胀的因素。这一理论比较温和地解释了早期宇宙的暴胀现象。

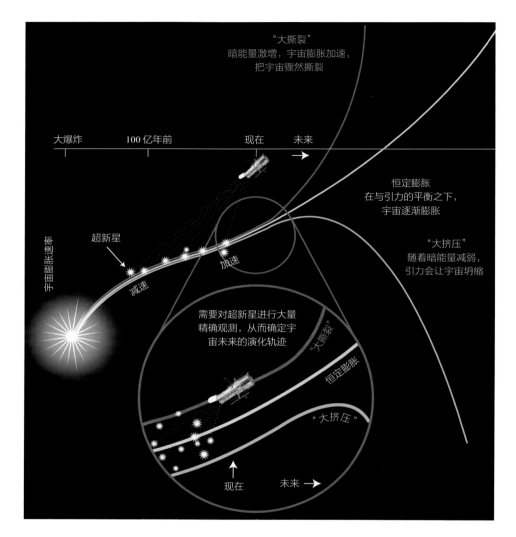

年龄估计准确与否完全依赖于距离测量的精度。对于校准其他宇宙学参数而言（以及后来探测1990年时尚不知晓的暗能量），精确的哈勃常数是关键的基准点。

"哈勃"比地面望远镜的观测距离远得多，可以分辨出重要的宇宙距离标尺——造父变星。所以造父变星很早就被确定为哈勃空间望远镜的重点项目。

"哈勃"发射时，宇宙膨胀速度的不确定性高达50%。估计值的范围在50千米每秒每兆秒差距（1兆秒差距等于326万光年）到其2倍之间，说明宇宙的年龄可以小到只有80亿年，或者老到足有160亿年。宇宙年龄范围的最小值会引发巨大问题：已知最年老的恒

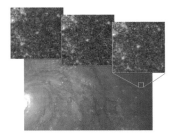

M100 星系（左图）是哈勃空间望远镜的早期目标。"哈勃"从中精选出一类被称为造父变星的脉动变星（上图）。顶部是 3 幅特写，大约每隔一周拍摄一幅。从中可以看出，每幅图中央的那颗恒星会渐渐改变亮度。造父变星会发生周期性脉动，完成一次脉动（即膨胀收缩）所需的时间与光度直接相关，而光度可以精确测量星系的距离。

星比宇宙还老。

1994 年，哈勃空间望远镜"河外距离尺度"重点项目的负责人温迪·L. 弗里德曼（Wendy L. Freedman）公布数值：80 千米每秒每兆秒差距，表示宇宙的年龄约为 100 亿年。这一结果令人困惑，因为它仍然表明，宇宙没有最年老的恒星年纪大。这样看来，似乎是恒星的演化模型出了问题。

20 世纪 90 年代末，哈勃常数改进值的误差降到原来的 10%。亚当·里斯与合作者校准了更多遥远太空中的造父变星，继续加强推进宇宙"距离阶梯"的建造。精确测量宇宙膨胀速率为 74.3 千米每秒每兆秒差距，不确定性缩小到不足 3%。考虑到暗能量的贡献，估计宇宙年龄为 137 亿年——这个数值对于年龄测量值最大的恒星来说足够大了。事后看来，我们几乎可以预言，哈勃常数最终会落在 50 到 100 千米每秒每兆秒差距之间。

5. 采样系外行星大气

长久以来，围绕其他恒星的行星一直是科幻小说的主要素材，但直到"哈勃"升空了 5 年之后，才终于发现它们。虽然有些行星不可见，但可以测量由一颗或者几颗行星的引力所造成的恒星摆动（相对于地球的前后运动），地面望远镜据此发现了这类行星。后来又有

了一些高效的行星搜寻方法，即探测行星直接从恒星前方穿过（凌星）时的亮度变化。

但是，对环其他恒星绕转的行星直接成像却非常难——即便对于"哈勃"来说也是如此。行星会湮没在恒星耀眼的光芒之中。2008 年，"哈勃"首次在可见光波段拍摄到了围绕恒星北落师门（南鱼座 α 星）公转的一颗年轻的气态巨行星，实现了对太阳系外行星的直接成像。

间接探测技术所能提供的信息只有行星的轨道周期、直径以及质量。但到 20 世纪 90 年代末，天文学家意识到，探测凌星现象有助于了解太阳系外行星的状况，他们迅速地把"哈勃"独一无二的观测能力用到了上面。

"哈勃"首次测量了太阳系外行星的大气。在这一里程碑式的观测中，哈勃空间望远镜对宿主恒星经由行星大气透出的星光做了分光测量，探测到了行星 HD 209458a 大气中的钠。

后来的观测中，"哈勃"又发现了二氧化碳、甲烷、氧以及水蒸气。毫无疑问，"哈勃"研究过的热类木星（非常靠近宿主恒星的类木行星）上不存在生命，但"哈勃"探测类地行星大气中生命迹象的能力却对寻找地外生命扮演着重要的角色。

"哈勃"还发现了一颗银河系中已知温度最高的行星，可能也是寿命最短的行星。这颗行星时运不济，质量是木星的 1.4 倍，正在被它的宿主恒星吞食，兴许只要 1,000 万年的时间就会被完全吃掉。这颗行星名为 WASP-12b，与它的类日宿主恒星极其接近，因而被加热到了近 1,800 ℃的极端高温，还被巨大的潮汐力拉伸成了橄榄球形。它的大气已膨胀到了接近 3 倍的木星半径，还在向宿主恒星流失物质。

另一颗陷入同样麻烦的行星是 HD 209458b。因为离自己的宿主恒星太近，大气受热后便开始向太空逃逸。"哈勃"的观测表明，强劲的恒星星风正吹拂着这颗烤焦的行星，它流

左上：热类木星的艺术概念图。

右上：一颗热类木星的艺术概念图，"哈勃"在上面探测到了有机甲烷分子。

对页：NGC5584 是我们近邻宇宙中最漂亮的旋涡星系之一，拥有大量被称为"造父变星"的脉动变星。天文学家把造父变星当作可靠的距离标尺。"哈勃"天文学家研究了 8 个可用于测量宇宙膨胀速率的星系，NGC5584 就是其中之一，距离我们 7,200 万光年。

出的物质形成了一条类似彗星的尾巴。

除了研究太阳系外行星之外，"哈勃"也尝试搜寻它们，为此实施了迄今位置距离最远的搜索活动。2004 年，"哈勃"观测了球状星团杜鹃 47，没有发现任何行星紧密围绕宿主恒星公转的迹象。这一行星信号的缺失目前完全是个谜。由于球状星团中恒星十分密集，它们对其他恒星的引力作用也许会破坏行星形成的过程。或者，那里的重元素太少，无法构成行星。

2006 年，"哈勃"巡天开展了名为"人马天窗凌星：太阳系外行星搜寻"的项目，深入观测了 26,000 光年之外，银河系拥挤的中央核球。"哈勃"发现了 16 颗凌星的太阳系外行星；其中一些的轨道周期不到 1 天！考虑到 2011 年美国国家航天局的开普勒空间望远镜在两年间就发现了 1,230 多颗行星，这个数字并不算多。但如果我们把这些结果外推到整个银河系，"哈勃"短暂的巡天就为银河系中存在 60 多亿颗木星大小的行星提供了有力证据。

6. 暗物质确实存在

1933 年，美籍瑞士天文学家弗里茨·兹威基（Fritz Zwicky）在研究遥远星系的运动时遇到了难题。兹威基通过测量星系的亮度，估计出了一个星团的总质量。但是，当他测量引力对这些星系运动速度的影响时，由此估计出的总质量要比由亮度计算出的大好几百倍。兹威基无意中发现了后来被称为"失踪质量"的问题。

这个谜题一直挥之不去，直到科学家意识到，唯有相信存在着大量隐藏的物质，才能

右图：气态行星 WASP-12b 的艺术概念图，它正在被其宿主恒星引力剥离物质。

下图：气态巨行星 HD 209458b 的艺术概念图。因极其靠近宿主恒星，它的被加热的大气正在逃逸，形成了一条彗星状的尾巴。

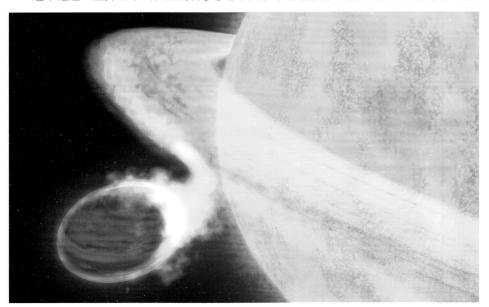

证明解释宇宙结构的理论。星系团或许被束缚在了由所谓暗物质所组成的不可见的框架上。其实，我们现在知道了，物质的这种不可见的形式组成了绝大部分宇宙物质，构建了宇宙的基础结构。

1994 年，使用"哈勃"的天文学家迅速排除了暗弱的红矮星，认为它不会是暗物质。科学家统计了银河系外晕中这些恒星的数目，确定它们的数量太少，不足以解释暗物质。他们发现，尽管这些暗弱的红色恒星是宇宙中迄今为止数量最多的一类恒星，但它们在银河系晕中所占的质量不超过 6%，在银河系盘中则不超过 15%。

这就把暗物质问题留给了粒子物理学家。最佳的暗物质候选体是一种奇特的带电粒子，它们各自之间或与我们熟悉的粒子之间可以发生非常微弱的相互作用。目前利用现有的加速器实验还无法发现它。

然而，天文学家可以通过引力透镜，探测暗物质在太空中的分布。根据广义相对论，物质会"弯曲"时空。暗物质的引力会扭曲空间，进而改变背景星系的影像。就像我们透过水看池塘底部的鹅卵石，会因为水对光线的折射而看上去变了形一样，遥远星系的光穿过居间星系团的引力场时，其影像也会被拉伸或者变形。

"哈勃"有着敏锐的视觉，天文学家在此基础上利用引力透镜技术，根据这些扭曲重建了暗物质的大尺度三维分布。天文学家曾在一项研究中，在一个方向上构建出了暗物质在

星系团阿贝尔 520 是一处宇宙残骸，由 3 个星系团撞击而产生。图中，粉色标记的是 X 射线望远镜所观测到的高温气体，蓝色表示暗物质。该星系团的中心略显紫色，有一些神秘的暗物质聚集在那，但具体原因尚不清楚。

子弹星系团

　　"哈勃"首次发现，暗物质和普通物质在两个大型星系团发生猛烈碰撞时，会彼此分离。图中粉色代表 X 射线波段看到的高温气体，蓝色区域表示暗物质的分布。

天文学家依靠"哈勃"的敏锐视力，看到了由于暗物质的存在而造成的空间弯曲。我们在巨型星系团阿贝尔 1689 不同区域的图像中看到了光痕，实际上是遥远的背景星系扭曲后的影像。暗物质的引力就像哈哈镜，拉伸放大了这些星系所发出的光。

35、50 和 65 亿年前的分布，发现暗物质的成团性会随着时间变得越来越明显。

　　天文学家通过引力透镜技术来研究 50 万个遥远星系被扭曲的图像，由此构建出一张三维地图。这张地图清晰地显示，普通物质（大部分以星系形式出现）会沿着暗物质最密集的地方聚集。从图中可以看出，在宇宙年龄只有如今一半的地方，暗物质的丝状结构编织出了一张松散的大网。

　　天文学家还利用"哈勃"观测了在星系团巨大碰撞过程中的暗物质分布。在子弹星系团中，"哈勃"和钱德拉 X 射线天文台的联合观测显示，暗物质和以高温气体形式出现的普通物质会在两个星系团相撞的过程中被拉扯开。

　　在"哈勃"对另一个星系团的引力透镜研究中，天文学家发现了一个由暗物质构成的幽灵般的环形结构，它可能形成于很久之前的两个大质量星系团间的碰撞。长期以来，天文学家一直怀疑，如果这些星系团仅依靠可见恒星的引力，它们就会发生瓦解。这个环是一道暗物质的涟漪，碰撞时从普通物质中涌了出来。

　　对星系团碰撞进行计算机模拟，结果显示，两个星系团碰撞到一起的时候，暗物质会从合并后的星团中心流过。随着暗物质从中心向外运动，它会渐渐减速，在引力的作用下聚集。

　　过去 20 年里，"哈勃"的结果重写了天文学教科书。这一章中所提及的 6 个研究领域的里程碑，已大大加快了发现与解答宇宙中最根本谜题的进程。后续章节中会呈现更多与这六个领域相关的"哈勃"图像。

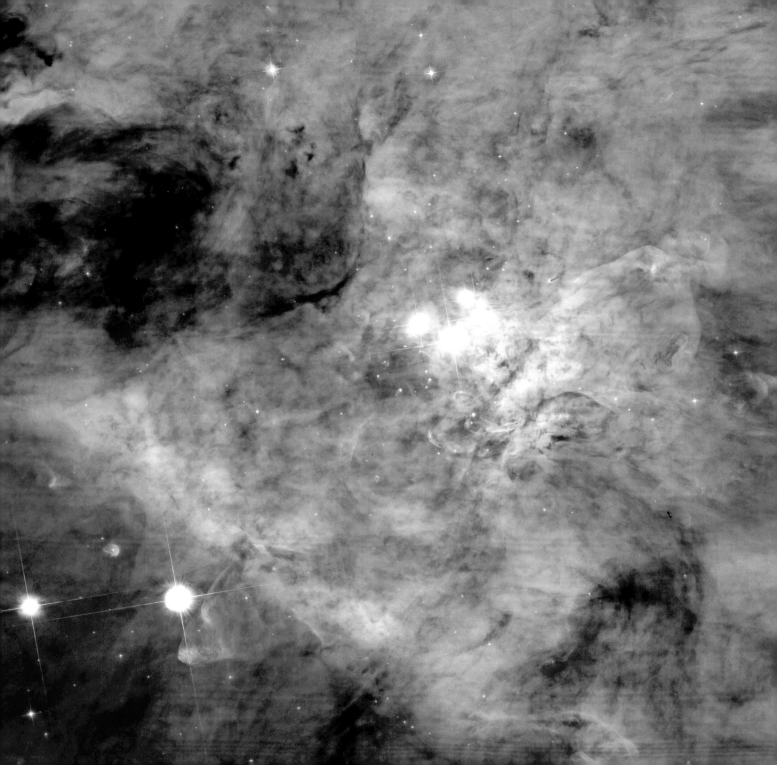

第三章　星光倾诉

从本质上讲，天文学是一门观测科学。天文学家无法采集岩质加以分析，无法解剖生物体，也不能在实验室里测试化学反应。一切只能根据太空中遥远天体发射或反射的光来推测。

光在中世纪有神圣的意味。《圣经》中说，"上帝即是光。"以至于17世纪初伽利略用新发明的望远镜首次观测太空时，有些人对望远镜所看到的事物到底是真实还是虚幻都表示怀疑。

不过，科学家很快就揭开了光的物理本质。艾萨克·牛顿（Isaac Newton）认为发光的物体会以粒子的形式辐射能量，这些粒子会作用于眼睛的视网膜，在大脑中产生视觉。牛顿利用棱镜把白光折射出不同能量的波长，把可见光分解成了7种不同的颜色：红，橙，黄，绿，蓝，靛，紫。

到了1800年，天文学家威廉·赫歇尔（William Herschel）发现了看不见的光。他利用棱镜把阳光分解成光谱，测量了每种颜色的温度。他发现，温度读数最高的地方在红色区域之外，那里看不到任何颜色。由此他发现了一种看不见的辐射形式，叫作红外线。仅仅一年之后，德国物理学家约翰·威廉·里特尔（Johann Wilhelm Ritter）就发现了紫外线。其实还有很多肉眼看不见的光。宇宙辐射从γ射线、X射线到无线电波，（可见）光仅仅是电磁波谱中的一小部分。

19世纪中叶，电磁波能量的概念得到阐明，古斯塔夫·基尔霍夫（Gustav Kirchhoff）和罗伯特·本森（Robert Bunsen）发明了第一台分光镜，揭示出阳光和星光中不同种类元素的信号。整个装置由一个中空的雪茄盒、一个棱镜以及望远镜部件构成。天文学家使用分光镜可以推测出恒星以及发光星际气体的成分。

除了恒星，天文学家还能够观察宇宙的任何角落，从天体的光谱图中可以识别出与地球上相同的元素。这些发现很好地印证了哥白尼原理，即我们地球只是宇宙中的一个平凡的角落。现代物理学家已有证据表明，整个宇宙都是由相同的物质所构成的。

光桶

想要收集暗弱星光，尤其是进行光谱研究，就需要更大的"光桶"。18、19世纪的望远镜在镜面直径上有了巨大飞越。19世纪中叶，有一架口径为1.8米的巨大望远镜，人们形象地将它唤作"帕森城的庞然大物"，这架望远镜发现了从漩涡状、环状到无规则状的许多形状各异的星云。

下图：从这幅利用衍射光栅所拍摄的照片中可以看到，白光含有彩虹般的颜色。衍射光栅可以把不同波长的光分散开。

对页：猎户座四边形星团由四颗恒星组成，它们正是照亮并激发巨大的猎户星云发光的能量来源。

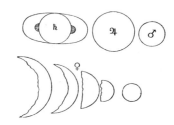

上图：很久以前，照相机还没发明的时候，天文学家不得不用铅笔手绘他们通过望远镜所看到的景象。其中最具历史价值的是伽利略的作品，他用自己刚发明的望远镜记录下了看到（或者说是他认为自己看到）的东西。肉眼看似星点的行星在望远镜中会呈现出圆面。金星会像月亮那样发生相位变化，对伽利略来说土星的光环看上去就像是一个附加物。

右上图：电磁波谱是一场辐射能量的交响乐，充斥在整个宇宙中。如今，地面和空间望远镜得以遍览电磁波谱，这是一项史无前例的进展。"哈勃"能观测从近红外到紫外的波段。

右图：由美国亚利桑那州一架特制的太阳望远镜所拍摄的高分辨率光谱，在其中可以看到太阳生动的颜色。在这条"彩虹"上分布的暗线是太阳外层大气中各种元素所留下的指纹。"哈勃"上的仪器可以对遥远的恒星和星系进行类似的测量。

不过，天文学家仅仅是看到了这些天体，要记录通过目镜所见的一切又是另一回事。伽利略把他在望远镜中见到的场景素描下来，为我们展现了一个比肉眼视力清晰度高 10 倍的天空。除了那些难以名状的东西之外，他主要发现了木星的卫星、月球上的山脉山谷，还有许多他称为"杯柄"的土星光环。但当时除了绘制铅笔素描之外没有办法储存这些信息，伽利略能做的也只有这些而已，而这一眼睛所见和大脑所想之间的连接却充满了主观色彩。

用一种更加戏剧性的方式彰显这一点的是美国天文学家珀西瓦尔·罗威尔（Percival Lowell）。他以前做过外交官，后来在 19 世纪末，他画下了在火星表面上看到的如蛛网般

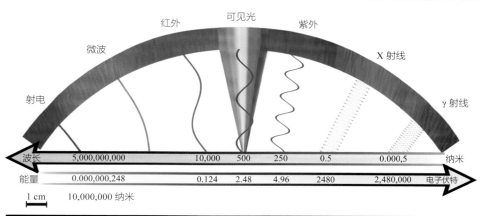

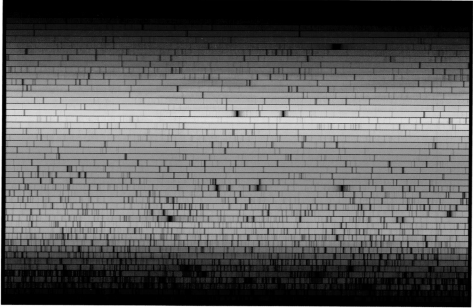

从 20 世纪中叶到末期，人类完成了一次对整个天空的宏大照相巡天，这幅图就是其中的一小部分。每一片天空都用大型玻璃底片拍摄了下来。这一天体摄影为天文学家搜寻目标和安排观测提供了资料库。同时，这也是对整个天空的存档照片。后来科学家将这些照相底片中的 1,000 多片数字化，形成数据库来指引"哈勃"。

的线条。罗威尔相信，这是火星上高等文明建造的灌溉运河网络。但除了他，没有其他人报告说看到了相同的复杂现象，而这些"运河"也一直极具争议，直到太空时代发射了无人行星际探测器，才证明了它们根本就不存在。

19 世纪中叶照相技术发明之后，天文学家可以记录下他们所看到的东西，并留存给后人。含银的盐暴露于光照之下时会变黑，这件事几个世纪以来就为人所知。到 19 世纪初，在涂有氯化银或硝酸银的物质上已经可以记录下粗略的影像。物体的暗像会在强光下直接"烧制"到敏化了的底片上。但这些影像会随着时间逐渐消失。1819 年，科学家发现，使用特定的化学物质可以将图像永久"固定"下来。1839 年，天文学家约翰·赫歇尔（John Herschel）创造了"照相"一词。

第一个天体照相的目标是月球。1839 年，发明早期成像术的路易·达盖尔（Louis

"哈勃"零星拍摄了一些火星图像，拼接成照相地图，揭示了火星绝大部分地表。火星表面绝大部分地带都覆盖着颗粒细小的橙色尘埃，尘土越粗糙，看上去颜色越深。这种对比度和微小细节共同作用让 19 世纪末的天文学家珀西瓦尔·罗威尔通过望远镜看到了直线状的结构，他以为那是火星文明开凿的运河。对这些细节的观察在历史上一直受制于地球大气的模糊效应。到 20 世纪 60 年代，空间探测器拍摄了近距离火星图像，揭示出了火星的真正面貌：一颗拥有山丘、火山、环形山和峡谷——但没有运河的沙漠行星。

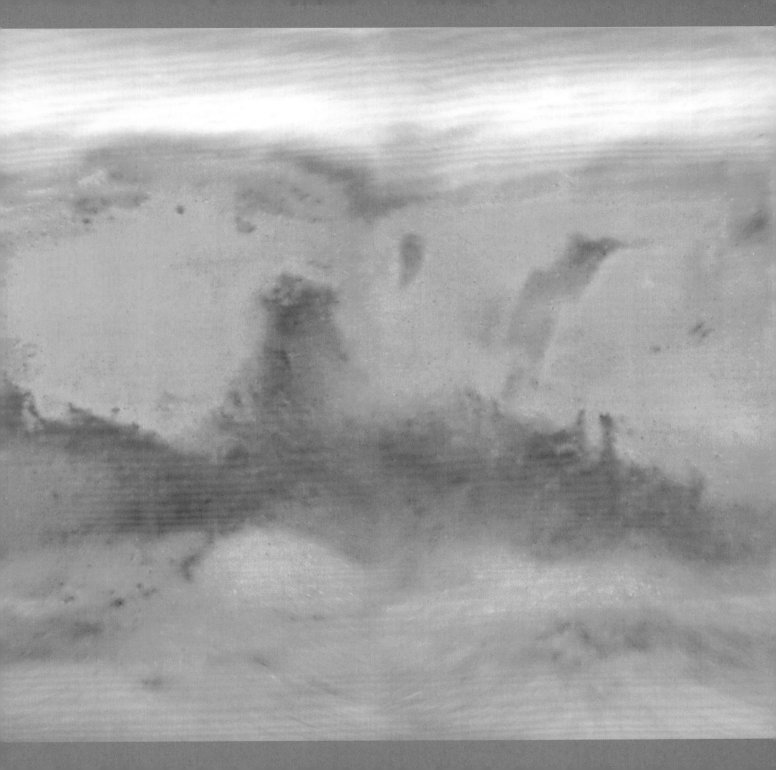

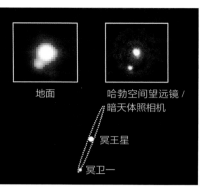

地面　　　　哈勃空间望远镜 /
　　　　　　暗天体照相机

冥王星

冥卫一

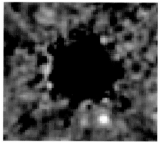

顶图：经过多年仔细地照相搜寻，1930 年，汤博发现了冰冷的矮行星冥王星。直到 1978 年才发现它的卫星冥卫一（根据左侧在地面所拍摄的照片）。右侧的这幅"哈勃"照片则拍摄于它发射后不久，该照片清晰地分辨出了冥王星及其最大的卫星。

上图：一颗遥远恒星的行星看上去就是右下方的一团像素。中央的黑色斑片则是"哈勃"上用来遮挡恒星光芒的星冕仪。

Daguerre）拍摄下了月球。1859 年，哈佛天文台拍摄了织女星。这些目标必须非常明亮，才能提供足够的光让胶片乳剂记录下来。但是，由于长时间曝光，以及沿着天球追踪天体时会遇到许多困难，这些影像往往并不清晰。

到 20 世纪初，玻璃照相底片开始在天文学中普及，带来了巨大的变革。长时间曝光可以记录下人眼根本看不到的大量恒星以及缥缈星云中的微小细节。由此产生了许多发现，其中有两个影响极其深远。

冥王星是照相发现的第一颗行星。天文学家克莱德·汤博（Clyde Tombaugh）为了搜索海王星轨道之外的行星，连续拍摄了一小片天空的图像。在相隔几天所拍摄的两幅照片中，他发现了遥远的冥王星。冥王星绕太阳公转，会相对于背景恒星发生运动。在此之前不到十年的时间，埃德温·哈勃（Edwin Hubble）通过照相发现星系都是河外天体——位置远在我们的银河系之外，极大地拓展了已知宇宙的尺度。

尽管照相底片特性很好，但本质上仍很低效。入射光线中仅有 2%～3% 被真正记录到胶片乳剂上。就算化学诱导乳胶提高了灵敏度，降低了工作温度，天文学家最多也只能把这个数字提高到 10%。到 1975 年左右，依此办法工作的效率已达到极限。

差不多同时期，固体电子学不断发展，产生了第一代数字成像探测器。虽然价格昂贵，但它们的效率远超照相底片，同时，数据数字化后，有利于计算机存储和处理。这场革命的飓风之眼便是电荷耦合器件（CCD），可以捕获 90% 的入射光。

第一个 CCD 是一块大拇指指甲大小的半导体材料片。科学家把这块硅芯片进一步划分成了沿横向和纵向排列的数千个光敏单元，就像纱窗上的网孔。每一个光敏单元，或称像素，都类似微小的雨量计，可以搜集光子。这些光子会逐步产生电荷，把电荷一直储存在半导体像素中，直到曝光结束。然后对每个像素中的电子进行计数，把详细的数目清单送入计算机的存储器。

从 20 世纪 70 年代到 20 世纪末，受军事应用影响，这些装置的尺寸和灵敏度有了大幅提高。计算机的能力也在飞速发展，可以处理和储存巨大的图像文件。

这些技术适时地汇集到哈勃空间望远镜上。早先的计划是要求宇航员安装照相底片箱。但到 20 世纪 80 年代，CCD 探测器已变得越来越经济实用。每次航天飞机对"哈勃"进行维修和升级，都会用分辨率和灵敏度更高的新型照相机取代老设备。

色彩艳丽的宇宙

人们已习惯了色彩丰富的"哈勃"照片。一个最常被问到的问题就是："这些天体真的如此多彩吗？"如果可以飞到这些宇宙奇观旁边，我们的眼睛所看到的也是这样的景象吗？如果并非如此，那哈勃空间望远镜的照片是过度着色了吗？在拍摄宇宙的时候，"真相"到底是什么样的？

那颗改变宇宙的恒星

天体照相学在发现远在银河系之外的星系中发挥了关键的作用。

20 世纪初，天文学家相信，旋涡星云是我们银河系中的一部分（之后才知道它们本身就是星系）。1920 年，两名最顶尖的天文学家哈洛·沙普利（Harlow Shapley）和希伯·柯蒂斯（Heber Curtis）就这些旋涡星云的本质举行了一场公开辩论。沙普利认为它们比银河系小得多，因此必定是银河系的一部分。但柯蒂斯认为银河系小于沙普利计算的结果，这为银河系外的其他岛宇宙[1]留了足够的空间。

埃德温·哈勃（Edwin Hubble）下定决心要弄清楚旋涡星云中最大的仙女星云（M31）距离我们究竟有多远。于是，他花了几个月的时间，用当时最强大的望远镜——位于威尔孙山上直径 2.5 米的望远镜，扫视仙女星云。仙女星云这个目标非常大，在这架望远镜的焦平面上长约 1.5 米。最终，为了拍摄下完整的仙女星云，哈勃在几十张巨大的照相玻璃底片上进行了数百次的曝光。

哈勃在比较底片时，发现了一个惊人的事实。这些恒星中，有一颗会在几天的时间里周期性地变暗和增亮。它是一颗可以用来校准天文距离的造父变星。结果显示，这颗恒星到地球的距离超过了 100 万光年，比银河系直径的估算值大好几倍。

沙普利得知这一发现后，告诉同事说："这个消息摧毁了我的宇宙。"

如今，得益于望远镜光学和电子探测器技术的进步，天文爱好者在自家后院里也能用中等口径的望远镜观测 M31，重复哈勃的发现。哈勃空间望远镜的灵敏度极高，可以观测到比埃德温·哈勃所发现的里程碑造父变星还远上 35 倍的这类变星。为了纪念埃德温·哈勃的发现，哈勃空间望远镜也观测了 M31 中这颗著名的造父变星（右上图）。"哈勃"的视力极佳，可以从它周围的浩渺星海中找出这颗会眨眼的恒星。

仙女星系是距离我们最近的大型旋涡星系，和我们的银河系很类似。20 世纪 20 年代，埃德温·哈勃研究仙女星系，发现了一颗造父变星，证明仙女星系远在银河系之外（可以看到在下方由埃德温·哈勃所拍摄的照相底片上写有变星的缩写"VAR！"一词）。

哈勃空间望远镜
大视场行星照相机 3/UVIS 通道

照片：金德勒（R. Gendler）

埃德温·哈勃 1923 年
卡内基天文台 2.5 米望远镜

如这幅四颗气态巨行星的全家福所示，太阳系本身就五彩斑斓。左边的木星拥有橙红色和粉色云系所组成的漩涡。它们可能源自于木星氢气中诸如硫这样的痕量元素。类似地，土星寒冷大气中的元素，如氮、氧和硫，也产生了暗橙色的光化学烟雾。天王星和海王星大气中的甲烷吸收红光，赋予了它们蓝绿色的基调。

天体可以通过三种方式显示出颜色。第一种，物体所反射的白光，如果其中缺失了某些波长的辐射，它就会获得颜色。海王星和天王星的蓝绿色调就是因为它们大气中的甲烷吸收红光所致。火星的红色则是因为氧化铁吸收绿光，木星类似复活节彩蛋的外表则可能源自于其湍动大气中的成分。

第二种，在特定能量或波长上发出光辐射也可以使天体具有特殊的颜色。由氢、氧和氮构成的发光气体云从本质上讲就是一盏盏霓虹灯。这些气体只在特定的颜色上发光，因此这些颜色就非常深、非常纯，不会夹杂其他颜色。

第三种，恒星的温度不同，也会具有不同的颜色，但由于它辐射的能量会涵盖整个可见光谱，因此看上去很柔和。的确，或许它们看上去会像参宿四一样呈淡红色，或者像天狼星那样呈蓝色，但它们也会发出许多不同颜色的光，形成柔和的色调。因为恒星是会发热的天体，它们相对亮度和颜色的变化与烤面包机中的电热丝十分相似。启动加热后，电热丝的颜色会从暗淡的樱桃红变成黄橙色，再变成黄白色。类似地，恒星的颜色也会有很多种，从高温的蓝色到相对低温的红色。

颜色对比合适、赏心悦目的天文图像可以带来新信息和新认识。我们的眼睛擅长区分不同颜色，但相比于黑白图像，肉眼很难在彩色图像中分辨细节。

根据定义，望远镜和 CCD 阵列可以拓展我们的视力，让我们能看到那些肉眼看不清楚或者根本看不到的东西。这些观测中的色彩永远无法用肉眼看到，因为这些天体实在太暗

冬季星座猎户座中的一些恒星十分明亮，单用肉眼就能辨识出它们的颜色。参宿四是一颗低温的红巨星，参宿七是一颗蓝白色的巨星。

参宿四

猎户座

腰带星

猎户星云

参宿七

"哈勃"的相机和其他两架轨道天文台

大视场和行星照相机 2（WFPC2）

上图：1993 年执行了第一次航天飞机维护任务，当时把这部照相机安装到了"哈勃"上，换下了大视场和行星照相机 1（WFPC1）。虽然 WFPC1 进行了重要的观测，但由于"哈勃"的主镜打磨得不对，无法聚焦形成清晰的图像。WFPC2 安装了可以用来矫正这一模糊影像或球差的"隐形镜"。自此以后，它一直是"哈勃"的主力相机，直到 2009 年被换下来。许多"哈勃"的发现和标志性的图像都出自这部相机。不过，按照今天的标准，它的分辨率只能算是中等。它有三块 CCD，每个都只有 800 像素见方。第四块 CCD 虽然分辨率翻番，但所覆盖的视场仅有其他的四分之一。所有四块 CCD 都用于成像时，相机拍摄的图像就会具有特殊的阶梯形状。这架相机对于紫外、可见光和近红外辐射都敏感。

斯皮策空间望远镜（Spitzer Space Telescope）

上图：2003 年，斯皮策空间望远镜发射进入环绕太阳的轨道，它是一个低温致冷的红外天文台，可以研究从太阳系中的小行星到遥远星系的各类天体。它是美国国家航天局大型天文台计划中最后一台空间望远镜。

近红外相机和多天体分光仪（NICMOS）

左图：1997 年，NICMOS 安装到位，"哈勃"的红外视力得到增强。为了使它的温度低到能探测到近红外辐射，这架相机必须使用固态氮来制冷。NICMOS 证明，在近红外波段还有许多东西亟待"哈勃"发现。

高新巡天相机（ACS）

右图：ACS 安装于 2002 年，配有两块 CCD，分辨率很高。每块 CCD 约有 2000×4000 像素，相对于 WFPC2 来说，在图像锐度上有了大幅提高。ACS 对光更敏感，因此曝光所需时间更短。ACS 还有一套复杂的大型彩色滤光片阵，专门用于观测遥远的星系。2005 年，ACS 电源失灵。2009 年最后一次"哈勃"维护任务的重头戏便是更换它的电源。

空间望远镜成像摄谱仪（STIS）

右图：虽然 STIS 是一台分光设备，但它拥有一块对可见光和近红外辐射敏感的、分辨率为 1024×1024 个像素的 CCD。

暗天体相机

第一代相机（未在这里展示）由欧洲空间局制造。2003 年 12 月执行第一次"哈勃"维护任务时，为它安装了光学矫正器件。这是"哈勃"上搭载的唯一一台技术落后于 CCD 的相机，它采用了类似于曾用在电视照相机上的光电倍增管。

大视场相机 3（WFC3）

科学家对这架相机寄予厚望（未在这里展示），配有分辨率达 1,600 万像素的 CCD 探测器，可以在紫外线和可见光波段上拍摄。另一个探测器可以在近红外波段工作，分辨率远高于 NICMOS。2009 年执行第五次，也是最后一次"哈勃"维护任务时，WFC3 已安装到位。

钱德拉 X 射线天文台（Chandra X-ray Observatory）

左图：从 1999 年在远地轨道上运转以来，"钱德拉"探测并成像观测了位于太阳系中和几十亿光年之外的 X 射线源。来自"钱德拉"的结果为宇宙的结构和演化提供了认识。"钱德拉"与"哈勃"和"斯皮策"一样，都是美国国家航天局大型天文台项目的一部分。第 73 页上有一幅图像，由这三个天文台所拍摄的照片合成而来。

猎户星云中温暖的粉色主要源自发光的氢。那里还有少量因发光的氧产生的绿色。在恒星猎户 LP（左下方亮星）四周，有一个反射星云，里面的尘埃会散射蓝光。由于光线太弱无法刺激我们眼睛中的颜色感受器，所以通过望远镜看猎户星云时，会发现它看上去是灰绿色的。

对页：这幅美轮美奂的彩色合成图像展示了两个碰撞星系，把我们的视觉拓展到了电磁波谱中"看不见"的颜色。这场碰撞肇始于1亿多年前，目前仍在进行中，触发了这两个星系中气体和尘埃云里百万颗恒星的形成。为了打造这幅图像，美国国家航天局大型天文台的所有三架望远镜都倾尽全力。"钱德拉"的X射线图像揭示了巨大的高温星际气体云。其中明亮的点源是物质落向黑洞和中子星时所产生的，后两者是大质量恒星死亡的遗迹。斯皮策空间望远镜的成像显示了新生恒星加热的尘埃云所发出的红外辐射，以及位于这两个星系重叠区中最明亮的星云。在"哈勃"的视野中，可以看到黄色和白色的年老恒星和产星区。棕色的尘埃细丝在这幅图中留下了轮廓。

弱了。此外，光会扩散而不是集中在恒星那样的一个点上，因此强度也非常微弱。

就算通过望远镜来看这些天体，人眼视网膜中本该对颜色敏感的锥状细胞也常常会罢工，只有对黑白敏感的柱状细胞仍在工作。这也就是为什么一个微微照亮的房间看上去是单色的。与之类似，星云看上去也都是浅灰色的，颜色信息极少。如果我们一开始无法感知颜色，那么就算真的有，它是否真实呢，这在很大程度上就变成了一个极富争议的论题。

合成彩色图像

不同人对美有不同的感知，颜色在观测者眼里也是一样。人类的"眼脑计算机"运行机制独特，可以收集和处理视网膜中对色彩敏感的锥状细胞所接收到的光信息。

空间望远镜研究所储存了100多万幅"哈勃"图像。这个数据库非常庞大——超过50太字节（TB），相当于约5000万本书，是美国国会图书馆纸版馆藏的5倍。

这些数据库中存储了直接从相机中读出的"原始"数据。数据一经提取，图像就会自动校准。"哈勃"相机中的探测器无法对光线做出均匀响应，所以这些校准非常必要。数据还需后续处理，去除CCD探测器的特殊"印迹"，因为一些像素对光的响应程度会比其他高。家用数码相机也是如此。不过，日常照相并不在意打到探测器每一个像素中的具体光子数，只有精确的科学研究才需要如此。

"哈勃"图像处理过程中，会先去除宇宙线，宇宙线会撞击到CCD探测器上，在芯片上留下亮点和像虫子一样的线条。曝光时间越长，打到CCD上的宇宙线就越多，就像在一场暴风雪中人行道上积聚的雪花。天文观测通常会对同一天体进行多次曝光。去除宇宙线的软件会搜索同一批曝光的图像，把所有没有重复出现在两次曝光中的东西都去掉。多次成像并不会浪费"哈勃"的时间，因为多次曝光可以叠加到一起，增加有效曝光时间。

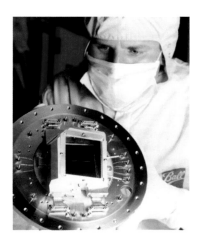

"哈勃"高新巡天相机（ACS）中最大的探测器是一对CCD，其中每个阵列都有4096×2048个像素，让这架相机可以拍摄到16兆比特的图像，分辨率超高，与专业的数码相机相当。同时，这些CCD没有划分成红色、绿色和蓝色像素，这在一定程度上进一步提高了ACS的分辨率，因为一旦划分成三种颜色的像素，相机的分辨率就会减小到三分之一。随后正确的颜色会根据ACS的滤光片再添加上去。

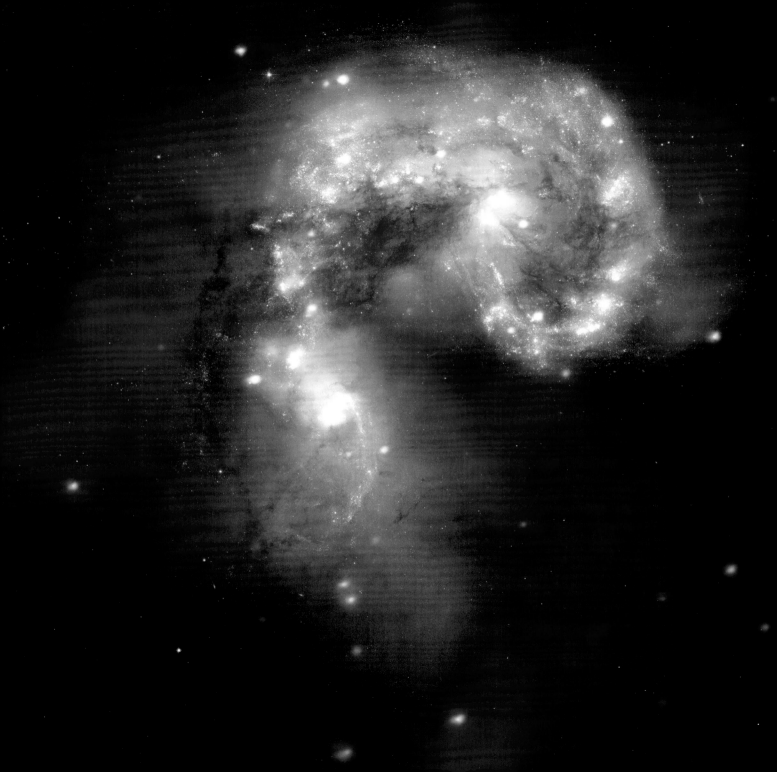

哈勃空间望远镜 大视场相机 3/UVIS 通道

这些图像说明了颜色是如何为科学研究服务的。左图是欧洲南方天文台（ESO）利用口径与"哈勃"相当的望远镜拍摄的 M83 星系图像。这幅 ESO 的图像所呈现出的是在可见光下看到的该星系的自然彩色影像。上面的是"哈勃"对该星系核心密集恒星所拍摄的特写照片。"哈勃"涵盖了从紫外到近红外的宽波段，展现了处于不同演化阶段的恒星，让天文学家可以剖析星系的产星历史。年轻恒星的紫外辐射呈亮蓝色。氢云的强烈辐射则显示为红色。红外辐射揭示出的是位于该星系盘中潜伏着的恒星。

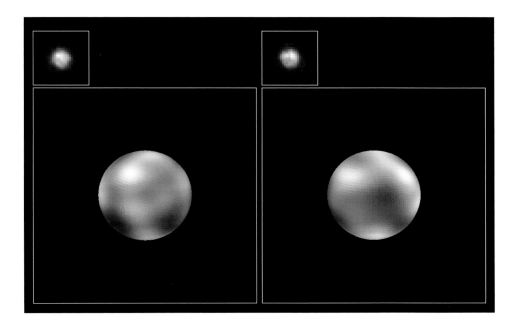

通过使用计算机来分析单像素中的光子分布，可以进一步提高"哈勃"图像的分辨率。科学家利用这项技术制作了迄今最清晰的冥王星图像。这两张较小的插图是"哈勃"上暗天体相机拍摄的实际图像。每个方形像素（像元）代表了跨越冥王星表面150多千米的区域。在这一分辨率下，"哈勃"分辨出了大约12个或明或暗的主要区域。利用计算机图像处理技术把"哈勃"数据中的像素进一步划分成更小的像素。左侧较大的图像是由此构建出的冥王星全球图，其中网格状的线条分布是由图像增强技术造成的。

天文学家已经学会通过"漂移"的过程来提高"哈勃"图像的分辨率。在同一位置附近拍摄多幅图像，但每一次拍摄前，望远镜都会稍稍移动约几个像素的距离。这些图像之后会经过对齐，从结果上看就好像它们增加了有效像素一样。

工作室里的摄影师知道如何打光，因此加亮的地方和影子之间的亮度差异不会太极端。而在户外，不管是业余摄影师还是专业摄影师，都不得不和艳阳天里巨大的明暗差异做斗争。最极端的例子就是拍摄阳光明媚下的沙滩。影子漆黑，沙子却呈炫目的白色。

但是，宇宙有它最自然的本性，会向天文学家呈现出更为巨大的明暗差异，这些差异无可避免。在漆黑的天空背景中，有明亮的恒星以及柔和精细的星云。要捕捉明暗差异巨大的细节特征极具挑战性。许多图像调整部分的工作都是由眼睛来完成的。图像处理软件显示的图表有助于我们了解图像灰度需要做哪些调整。

从这个角度来说，制作全色图像既是科学也是艺术。引人注目又饱含感情的科学照片与其所蕴涵的信息相辅相成。彩色成像装置模仿视网膜中的红、绿和蓝锥状细胞，可以把光分解成不同成分的颜色。随后把这些颜色合成一幅全色图像。但这些装置也没有完全遵循眼睛处理信息的方式。

同样，"哈勃"的彩色图像也是在红色、绿色和蓝色滤光片下分别曝光合成的。消费者手中的相机不需要如此，因为其中的 CCD 可以同时记录下红色、蓝色和绿色的光。只不过这样会让 CCD 的分辨率降低到三分之一，因为需要来自 3 个像素的信息才能构建一个全色

这是一幅大质量年轻恒星
S106 的"哈勃"图像，图像处理
人员把颜色最终合成到图像上之
前，在平衡图像亮度级时，遇到
了一个挑战。图像底部由恒星抛
出的高温发光气体要在比顶部的
亮得多，但人眼无法看到。为了
显现出整个颜色范围，必须减小
对比度。经过对比度调整，图像
得到恰当平衡，细丝结构中的微
小细节变得十分明显，因气体高
速撞入低温星际介质而产生的涟
漪也变得显著。

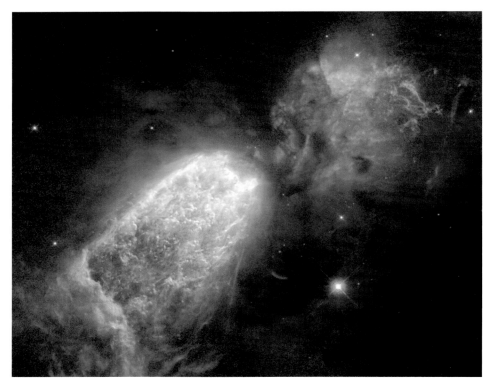

的像素。但是，"哈勃"的相机可以在每一个所需的颜色上分别曝光，无须牺牲一次曝光中
像素的数量。这对于达到"哈勃"图像最终的分辨率来说至关重要。

　　这和 20 世纪 30 年代电影业研发的彩色印片方法十分相似。用不同的黑白电影胶片同
时在红、蓝和绿色滤光片后面拍摄，然后把这些信息精确地合成彩色胶片，产生鲜明而饱
满的图像。在用这一方法拍摄的电影中，最著名的就是《绿野仙踪》（ *The Wizard of OZ*，
1939 年），里面有着红宝石拖鞋和翡翠城。

　　不仅如此，"哈勃"的相机还装备有一个巨大的滤光片组，是为星云中各种发光气体而
专门精确调校的，只能让波段非常窄的颜色通过：氢为粉红色，氮为深红色，氧为绿色，
硫则为蓝色。

　　肖像摄影师事先知道人们的肤色，因此可以根据皮肤的色调来平衡颜色。但是，要找
一个颜色来表现星系和星云就难得多了，因为人眼几乎看不到它们。行星最容易做颜色匹
配，因为从天文爱好者的望远镜看去，它们非常亮，足以分辨出颜色如何。

　　平衡"哈勃"所拍摄的星系图像其实相当直接，因为我们可以根据恒星的温度来推测
这些颜色，从高温的蓝色到低温的红色；通过观测实验室中的样本也可以很好地证实星云

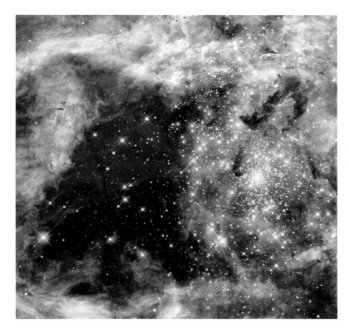

中的发光气体。因此，"哈勃"的天文学家知道许多明亮天体的真正颜色。

　　最直接的"哈勃"彩色图像是通过把可见光谱等分成三部分的滤光片，进行三次曝光之后合成的。就"真"色彩而言，一些最为人喜爱的"哈勃"照片有很多问题。星云会发出特定颜色的光，但它们也许并没有真实地反映所有的波段。

　　图像处理人员可以用红色、绿色和蓝色来指认波长最长、居中和最短的光。这种方法通常称为"表象颜色"。我们根据颜色在光谱中的相对位置，而非它们的实际颜色，把这三种主要颜色分配给不同的滤光片。

　　对于天文学家而言，处理"哈勃"所拍摄的宇宙红外图像具有更大的挑战。在红外波段上不存在"真色彩"这一说法，因为肉眼根本看不到这些辐射。于是不可避免地，一幅红外图像必须要用可见光谱的颜色来表现。红外图像都是通过不同的滤光片拍摄的，它们分别对短、中和长红外波段敏感。处理这些数据最直接的办法就是用蓝色表示最短的波长，绿色表示中等波长，红色表示最长的波长。由此就可以制作出一幅在各种红外波段上代表不同类型辐射的伪彩色图像。

　　天文学家也会使用"数字绘画"（或者颜色映射）来显示本身就是黑白的、没有使用多个滤光片拍摄出的图像。向一幅黑白图像添加任何一种颜色，都会让那些细小的变化更容易用眼睛分辨出来。此时，色彩不再代表天体本身的颜色差异，而代表了天体亮度的变化。选择既有用又悦目的调色板是另一项挑战。有些调色板很差，会从亮黄到绿再到红；

这两幅图像在可见光和红外波段下拍摄，为我们展示了大麦哲伦云中恒星形成区剑鱼30星云中央的大质量星团 R136。左侧图像拍摄于紫外、可见光和红外波段，恒星呈明亮的蓝色。星云中的绿色部分源于发光的氧，红色来自发光的氢。右侧的图像拍摄于红外波段，红外光可以穿透尘埃云，揭示出许多在可见光下看不到的恒星。

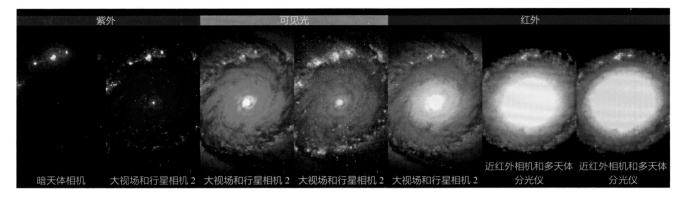

紫外		可见光			红外	
暗天体相机	大视场和行星相机 2	大视场和行星相机 2	大视场和行星相机 2	大视场和行星相机 2	近红外相机和多天体分光仪	近红外相机和多天体分光仪

　　"哈勃"的三架相机可以剖析星系 NGC1512 的颜色成分。暗天体相机探测到了最高温的恒星和气体所发出的光。大视场和行星相机 2 所用的滤光片覆盖了从紫外到近红外波段。这两架相机揭示出了该星系中所有种类的恒星——从红矮星到蓝超巨星。近红外相机和多天体分光仪则记录下了来自其星系盘中高温尘埃的辐射。

其他的也有从深蓝到紫红。合成引人入胜的天文图像要避免使用这些"有致幻效果"的调色板。

　　合成全色图像后，"哈勃"图像处理人员会用数字化的方法去除 CCD 芯片之间的接缝。沿着每块 CCD 边缘的像素都必须仔细地"密接"到一起。这对于制作大型星系和星云的大视场拼接照片来说尤其重要。CCD 还会产生坏点，也需要另行去除。特别恼人的是线性"溢出"，拍摄亮星时，它会影响到一横排的像素。图像中有时还会出现"圆环"，这是由于光学器件内部反射而产生的未聚焦的恒星像。真实世界还有其他干扰，如大量人造卫星的轨迹，也必须被去掉。

　　鉴于"哈勃"的分辨率这么高，它又在太空中待了这么长时间，天文学家可以依此为那些正在发生快速变化的天体合成一部电影。在"哈勃"的电影中，有黑洞和年轻恒星进射出发光气体喷流的延时影像；有逃离银河系的恒星运动；还有 1987 年爆炸的超新星周围物质的膨胀和变形。

　　最终的"哈勃"图像都会成为文化标志，不仅装饰着市场上时尚杂志，成为了几乎每一本天文学教科书的封面，还出现在摇滚专辑、产品广告、短袖汗衫、咖啡杯，甚至还有百事可乐公司的报告上。"哈勃"图像还经常现身于众多科幻电影，甚至还为好莱坞太空作品设计全新的太空场景提供了灵感。英格兰闻名的彩色玻璃艺术家根据"哈勃"拍摄的影像设计了教堂的玻璃窗。"哈勃"唤起了公众对天文学的兴趣，开辟了大众天文的黄金时代，这些影响都会被铭记于心。就像 20 世纪 70 年代初"阿波罗"计划发回的地球图像一样，"哈勃"所带来的宇宙新影像也具有文化号召力和感染力。

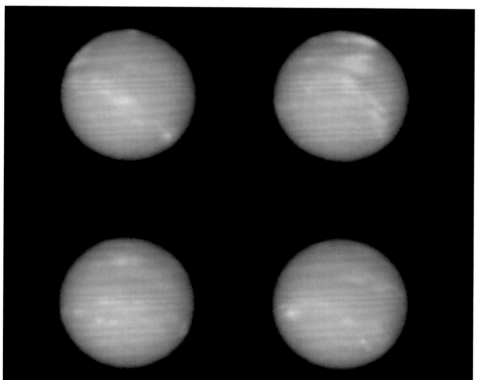

上图：这些飘渺的细丝只是帷幕星云中的一小部分。帷幕星云是一颗恒星在几千年前爆炸后留下的正在膨胀的遗迹。综合在一系列滤光片下所拍摄的图像，我们发现，它的颜色对应于氧（蓝色）、硫（绿色）和氢（红色）所发出的光。这些元素未来还会继续循环利用，形成新的恒星和行星。

左图：这些海王星的图像是从紫外到近红外波段下拍摄的，天文学家可以借此研究它的大气层。海王星高空的亮云能反射近红外辐射，看上去呈粉色。在行星视圆面边缘上也能看到这些颜色，表明在海王星大气中存在一个高空雾霾层。

右图：这是涡状星系两幅截然不同的正向照片。左侧的图像是在可见光下拍摄的，显现出粉色的恒星形成区和明亮的蓝色星团。右侧是使用"哈勃"近红外相机和多天体分光仪在红外波段拍摄的图像，通过图像处理去除了绝大部分的星光。剩下的是涡状星系中尘埃的骨架结构，给人一种物质正在螺旋着掉入该星系中心的错觉。

左下：在"哈勃"拍摄的这幅阿利斯塔克环形山（右下）和毗邻的施罗特尔山谷（中上）的图像中，月球上的地质多样性在紫外和可见光下尽显无遗。随后我们把伪彩色添加到了不同的波段上。右下方用伪彩色表示了紫外和可见光之比，可以识别阿利斯塔克环形山中的斜长岩、玄武岩和橄榄石。在右上方施罗特尔山谷的图像中，紫红色伪彩色表示出的是含钛的深色月幔物质。

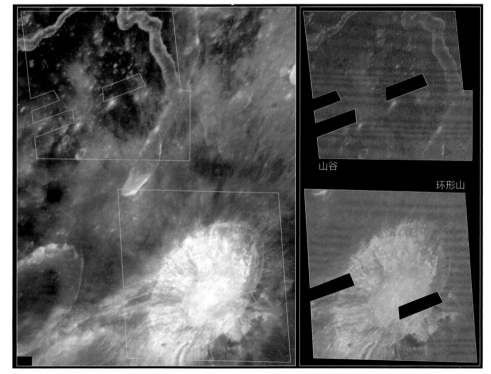

山谷

环形山

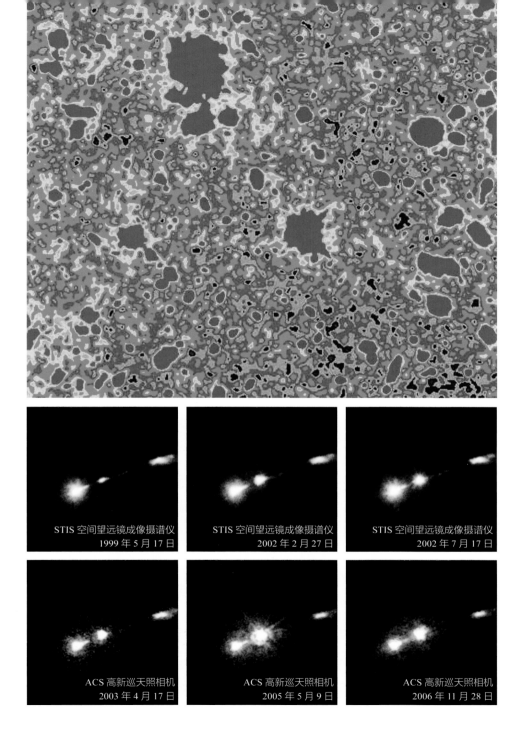

左图：利用伪彩色分析哈勃深场的一片区域（第 20～21 页）。图中的红色区域是"哈勃"探测到的星系和恒星。其中最小的红色色块是比肉眼所能看见的还暗弱 40 亿倍的星系。天文学家探测了这些暗弱星系之间的空白区域，寻找天空亮度中的起伏，它们可能是存在有更多星系的信号。结果发现，亮度的变化极其微小，说明充满宇宙的绝大多数可见光都来自类似哈勃深场中的明亮而非更为暗弱的星系。

下图："哈勃"的高分辨率足以测出天体在几年内所出现的变化。椭圆星系 M87 中超大质量黑洞产生的喷流是一个理想的目标，它差不多以光速射向太空。2002年，"哈勃"观测到了一次爆发，它可能是由一小团物质被喷流撞击所致。该爆发十分明亮，甚至令 M87 明亮的核心都黯然失色。天文学家在数年的时间里监视了这一小团物质，目睹了其逐步增亮、随后变暗继而又增亮的过程。这一爆发也许可以为遥远星系中的黑洞喷流可变性提供认识，但黑洞太过遥远，难以研究。

STIS 空间望远镜成像摄谱仪
1999 年 5 月 17 日

STIS 空间望远镜成像摄谱仪
2002 年 2 月 27 日

STIS 空间望远镜成像摄谱仪
2002 年 7 月 17 日

ACS 高新巡天照相机
2003 年 4 月 17 日

ACS 高新巡天照相机
2005 年 5 月 9 日

ACS 高新巡天照相机
2006 年 11 月 28 日

第四章　出世阵痛

　　我们的银河系是一个造星工厂。如果我们可以从高处俯视银河系薄饼状的恒星盘，那么它看上去就像一个蔓延的城市，类太阳恒星构成了它明亮的市中心和新兴的郊区，年轻的蓝色恒星和星云组成了它的道路。散布其间的则是用来产星的原始物质：夹杂着尘埃的巨大的低温氢气体云。

　　星云是星系中明亮的气体云，它们也是恒星形成的场所。如果把星系想象成是一棵圣诞树，那么这棵树的枝杈就是星系中充当骨架的尘埃结构。星云是恒星诞生的大爆发之地，这是每一个旋涡星系都有的特征。

　　然而，星云不过是冰山一角，只是位于黑色巨分子云边缘上的气泡，而后者拥有银河系中绝大部分产星物质。这些分子云中，氢的温度极低，因此氢原子可以成对结合到一起，形成氢分子。尘埃和氢远离年轻恒星高温辐射的毁灭性影响，冷却到接近绝对零度的温度，由此它们便可以聚集起来。巨分子云的直径可以达到数百光年，密度则是通常星际空间的100,000 倍。

　　就像夏日午后的雷暴云，黑色的分子云充满了湍流、团块和混乱。按照地球上的标准，它们的运动迟缓。但天文学家对它们进行流体力学超级计算机模拟时，会将它们的运动加速。光年尺度的小气团就深藏在这些星云碎片的内部，稠密的氢聚集区将会引发一场恒星形成风暴。

　　每个形成区都至少会诞出 10,000 颗类太阳恒星。这些新生恒星所释放出的能量会在分子云中吹出气体空洞。就像瑞士奶酪，上面的每一个洞都是新生恒星的气泡，整块奶酪则是低温稠密的星际气体云。在分子云的边缘上，这些气泡熠熠生辉，其中最著名的就是猎户星云。虽然多产，但分子云只会把大约 10% 的气体转变成恒星，为未来的产星留下了巨大的物质储备。

　　分子云中的氢气夹杂着痕量的其他气体，如氧和氮，还有比烟尘还小的细微尘埃颗粒，由碳和硅构成。这是构建恒星和行星的基本材料。

　　恒星出生和死亡的循环在星系中撒下种子，一代恒星会对下一代恒星造成影响。元素在恒星循环中不断被吸纳，进一步增丰形成更重的元素，然后又被播撒回太空，供下一代恒星使用。诸如碳、氮、硫和氧这样的元素都来自于较早的类太阳恒星。锶、锆和钡由年老的红巨星制造，铁、金和铀则由超新星爆发产生。宇宙中恒星形成得越晚，重元素的比例就越高。根据重元素的含量可以判断，我们的太阳属于第二代或第三代恒星。

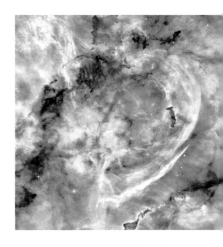

上图：这幅色彩增强的图像犹如华丽的现代艺术作品，它显示了船底星云里的一个恒星形成区。在第 104～105 页可以见到船底星云的全貌。

对页：旋涡星系 NGC2841 富含气体和尘埃带，尤其是它的外部旋臂。年轻的蓝色恒星沿旋臂分布，较年老的黄色恒星则拥挤在星系中心。

在许多产星星云中会漂浮着不透明的黑色气体和尘埃结，我们称之为博克球状体。它们最早是在20世纪40年代由天文学家巴特·博克（Bart Bok）发现，他把它们比作昆虫的茧。如果这些稠密的团块俘获了足够的气体和尘埃，就有可能在核心处形成恒星。然而，并非所有的博克球状体都会形成恒星；其中一些在坍缩成恒星前就会消散。它们位居宇宙中温度最低的天体之列。

上图：博克球状体中最令人称奇的要数撒克里球状体了。1950年，南非天文学家戴维·撒克里（David Thackeray）在南天区的半人马座中发现了该天体。图为其中最大的部分，其实就是两个星云刚好在我们视线上重叠。每个星云长约1.4光年，含有超过十几个太阳质量的物质。射电望远镜深入这些太空中的黑色岛屿，发现这些球状体外部的气体正在翻腾。尽管球状体内部温度极低，但其包层却会在紫外辐射下加热。这一温差势必会引发强对流，就像火炉上冒泡的燕麦粥。

这些宇宙立柱看上去极富生命力，令人不可思议。这或许也是此照片 1995 年首发时引起轰动的原因。在此以前，人们从未见过类似的宇宙场景。天文学家认为恒星正在这些塔中形成因此也把这些塔称作是"创生柱"。早在"哈勃"拍摄这一标志性图像之前，地面望远镜就已观测到了这些结构，但"哈勃"却给我们带来了前所未有的细节。就好比人们事先知道一片大陆的大致轮廓，后来又突然近距离看到了海湾和入海口。

猎户星云

　　猎户的"腰带"和"佩剑"之间坐落着距离太阳最近的分子云之一。整个星云距离地球 1,600 光年，直径数百光年，其中某些部分用双筒望远镜和小望远镜就能观测到。最大的一片明亮区域称为猎户星云，肉眼看上去就像一小片朦胧的云。这是天文学家注意到的第一批星云，我们可以在冬季星座猎户座中找到它，就在神话猎人的腰带下方。实际上，这是一个星际空腔，一直在星光无尽压力之下膨胀。巨大的猎户 θ 是所有一切的幕后推手。它是一颗四合星——同时在猎户星云中心形成的 4 颗明亮恒星。"哈勃"的照相机和分光设备制作了猎户星云的精细三维模型，但它在纸面上的表现力也仍然大打折扣。我们真正看到的是一个空腔形的发光气体云。第 89 页上的猎户星云全貌可以为此提供一些线索。

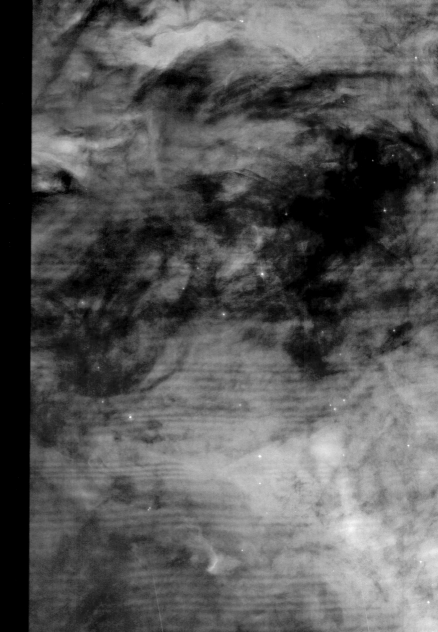

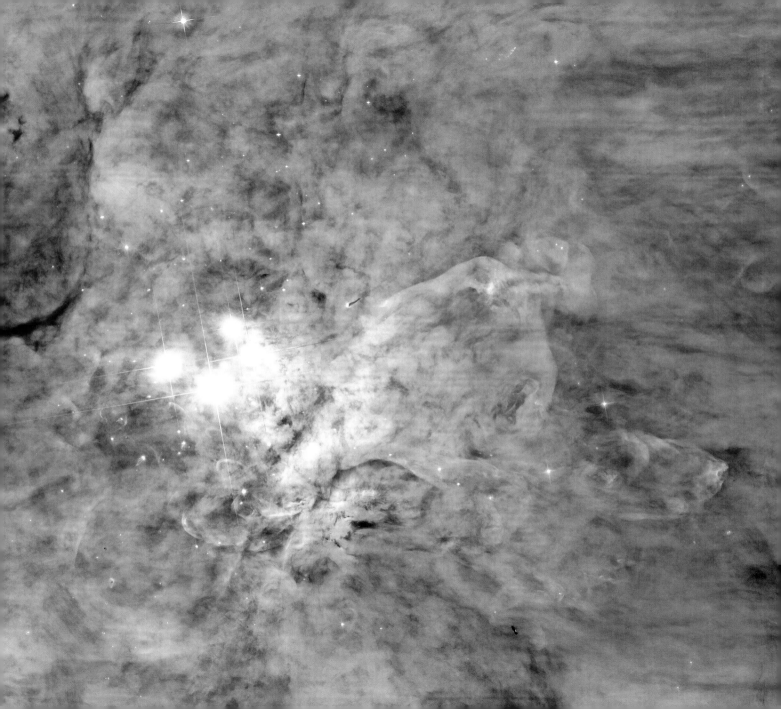

猎户星云

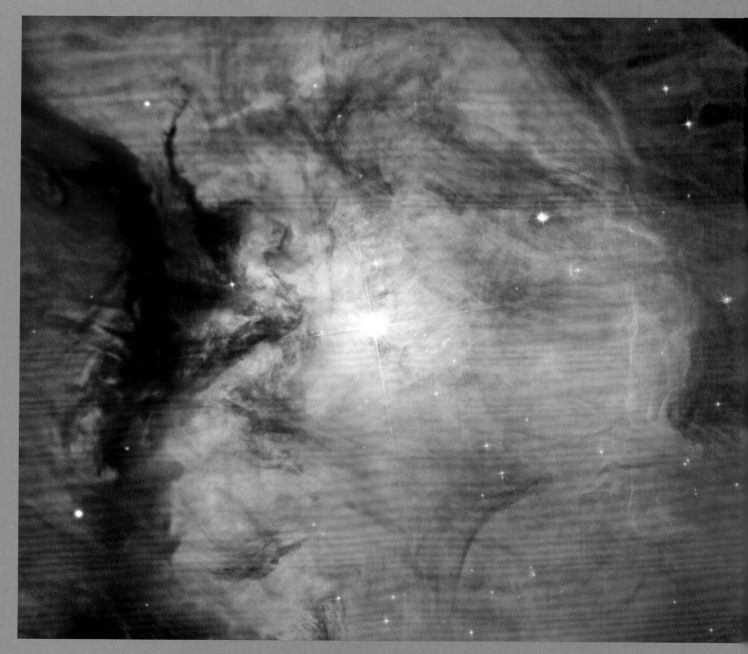

猎户星云

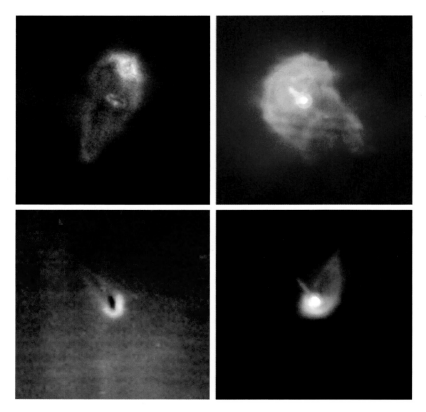

猎户四边形星团

这个位于猎户星云中心、由四颗恒星组成的星团叫作猎户四边形星团（在第 86～87 页上可见到它更大的特写）。其中每颗恒星的温度和质量都比我们的太阳大得多，它们一起提供了足够的辐射，让整个星云得以发光。这些恒星附近蝌蚪形的天体叫作原行星盘，它正在经受强劲的星风侵蚀，原行星茧中的物质正在剥离。

原行星盘的王国

有一次，"哈勃"在照相巡天时，在猎户星云里发现了 3,000 多颗恒星。它的超高分辨率图像揭示出了映衬在明亮背景上的黑色小圆或小椭圆。起初，天文学家认为，这些小圆是指向星云中心的低温气体塔的顶端。但这些天体中有一些看上去却像侧向的飞盘。显然，它们是围绕年轻恒星的尘埃盘，属于新一类的天体，像巨大的薄烤饼。发现者罗伯特·奥戴尔（Robert O'Dell）称它们为"原行星盘"。尘埃盘中央的物质被加热，会变成一颗新的恒星，而其外围的盘则会继续吸积尘埃。来自猎户四边形星团的辐射影响到了这些原行星盘，在明亮的盘周围形成了新月形的被加热物质。有些盘看上去是侧向的，还有一些是正向对着我们的。有些盘能显示出大质量中央恒星吹出的星风撞击气体时所形成的物质喷流和激波。"哈勃"的图像证实了一个长达两个世纪的猜想，甚至可以追溯到伊曼纽尔·康德（Immanuel Kant）时期，即新生恒星周围会环绕着圆形的气体和尘埃盘。

HH502

　　这一图像显示的是猎户星云中的一个称为 HH502 的初期恒星体（中央偏左）周围的一小片区域。这颗恒星向右上方射出了狭长的喷流，左下方弧形还有激波结构，这些都是由位于图像左下方之外的一颗大质量恒星的辐射压所致。

猎户星云

NGC2174

NGC2174 是一个活动剧烈的恒星育婴室，是猎户复合体的一部分。强辐射侵蚀着一个分子云的云壁，让它发出明亮的辐射。所有象鼻状的结构都指向一颗明亮的高温恒星，它的能量也在雕刻整个星云。

三叶喷流

这幅"哈勃"图像有点像恐怖电影中的一个生物，它展示了恒星育婴室三叶星云中的一部分稠密尘埃和气体云，距离地球约 9,000 光年。从星云头部伸出的恒星喷流长约 0.75 光年，它的源头是深藏于星云中的胚胎恒星。喷流会消耗恒星形成的气体。星云中央恒星的辐射让喷流发光。喷流右侧垂直的手指状柱体直接指向了驱动三叶星云的那颗恒星。这是一个典型的在蒸发的气体球状体。正因这个柱体顶端的气体结相当致密，可以抵挡恒星辐射的侵蚀，才让它得以幸存下来。

NGC281

美国基特峰国家天文台的 0.9 米望远镜拍摄了产星区 NGC281 的大视场图像，该天体又被称为"吃豆人"星云（"吃豆人"，即 Pac-Man，是一款早期的经典游戏）。NGC281 是一个典型的恒星形成区，有巨量的不透明气体和尘埃，其中可能有恒星正在形成。为了进一步研究该星云，"哈勃"为里面的年轻疏散星团 IC1590 拍摄了特写照片。所获得的图像见第 99 页。

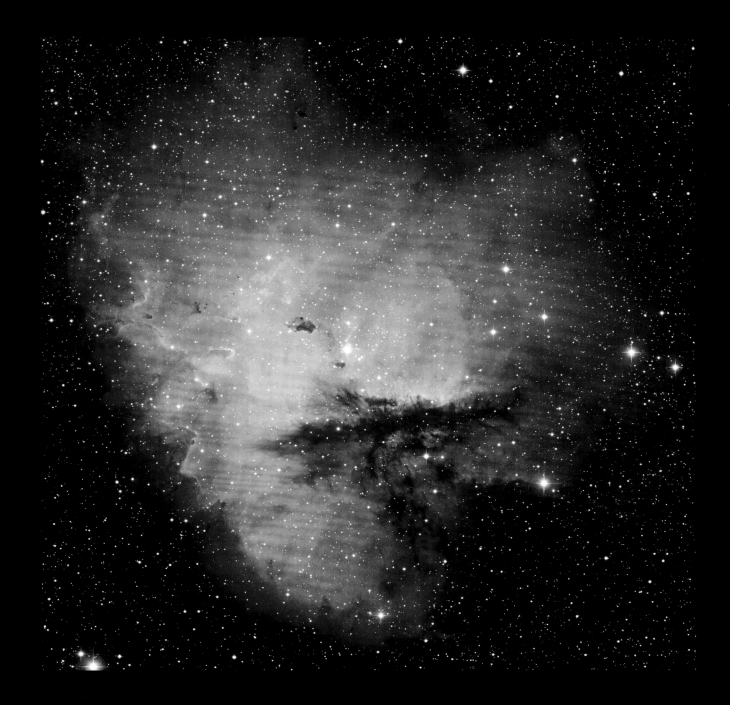

093

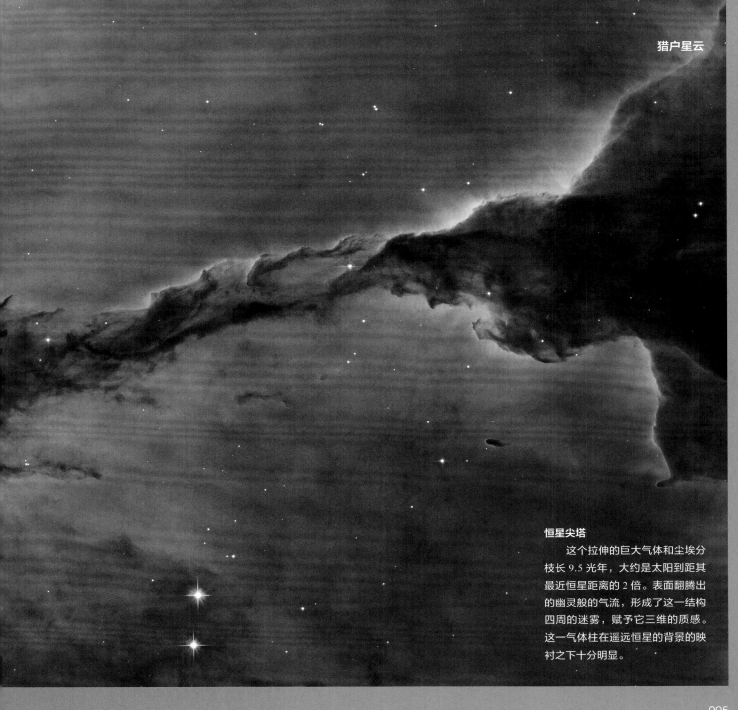

猎户星云

恒星尖塔

　　这个拉伸的巨大气体和尘埃分枝长 9.5 光年，大约是太阳到距其最近恒星距离的 2 倍。表面翻腾出的幽灵般的气流，形成了这一结构四周的迷雾，赋予它三维的质感。这一气体柱在遥远恒星的背景的映衬之下十分明显。

银河星云

M17

    这幅影像是恒星形成区 M17 星云的一小部分，可以看到，氢、氧、硫等气体在质量极大、极为明亮的分子云边缘发着强光。M17 位于人马座，也称为 ω 星云或天鹅星云，距离地球约 5,500 光年。图像顶部之外，有一些年轻的大质量恒星，它们发出的紫外辐射将这些气体雕琢出了波浪般的形状，把它们照亮。同时，光照也显示出了气体的三维结构。物质从表面流出时，高热和强压会制造出一帧由温度更高的绿色气体所组成的幕布。

NGC2467

    位于船尾座的遥远恒星形成区 NGC2467（对页）和猎户星云相似，但它的距离是后者的 11 倍。尘埃云形状特殊，犹如翻腾的泡沫，构成了从气体和尘埃中新生的蓝色恒星的背景。照片中央的那颗明亮的大质量恒星散发着强烈的辐射，清空着四周的区域，也是侵蚀这个星云的辐射的主要来源。该边界附近的稠密区域中也在形成着下一代恒星。

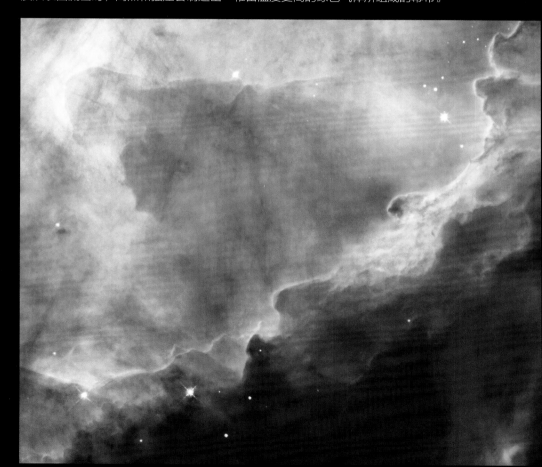

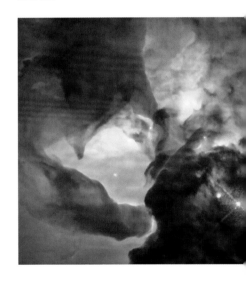

M8

在这幅礁湖星云 M8 的局部图像中，氢云构成了一幅抽象艺术画。来自一颗高温年轻恒星的辐射正在把其四周的星云雕刻成枕头垫的形状。

IRAS 05437+2502

这个位于金牛座的星云算得上是"哈勃"迄今所见最令人毛骨悚然，也最令人浮想翩翩的目标了。它接近真空，本身并不发光，但它会反射来自近邻星团的光芒，因此看起来仿佛有了一层固体外表，在明亮的恒星和周围的暗尘埃云之间如巨浪般波动，令人叹为观止。这个暗弱的星云最初是在 1983 年由美国国家航天局的红外天文卫星（IRAS）发现的，它是第一架在红外波段扫视整个天空的空间望远镜。

IC1590

　　年轻的疏散星团 IC1590 位于由发光的氢所构成的深红色背景之上。由于内部天体彼此之间的结合并不牢固，这个星团最终会在几千万年后瓦解。IC1590 距离地球 10,000 光年，位于北天极附近的仙后座。

老鹰星团

这一鹰状星云中壮观的组成部分称作 NGC6611，是一个形成于 500 万年前的疏散星团。这个星团非常年轻，包含有许多高温的蓝色恒星，它们所发出的强劲紫外辐射让四周的鹰状星云发出明亮的光辉。其中深色的区域是相对致密的气体和尘埃区，它们就像窗帘一样阻挡了背景光。

宝石盒

NGC3603 中年轻恒星的辐射洪流侵蚀着嵌在该星云壁中的黑色稠密气体柱。这些数光年长的气体柱都指向中央的星团，后者是它们高耸外形的缔造者。这个显著的恒星形成区距离地球 20,000 光年。

银河星云

NGC3324

这幅"哈勃"图像展示了船底座中恒星形成区 NGC3324 里的一个巨型气体空腔的边缘。虽然外表看起来很结实，但其实该星云中最稠密的地方其密度只有地球上云彩的百万分之一。这幅图像没有拍到它外面的由超大质量恒星组成的星团，这个星团发出了强烈紫外辐射和星风，一直在侵蚀 NGC3324。

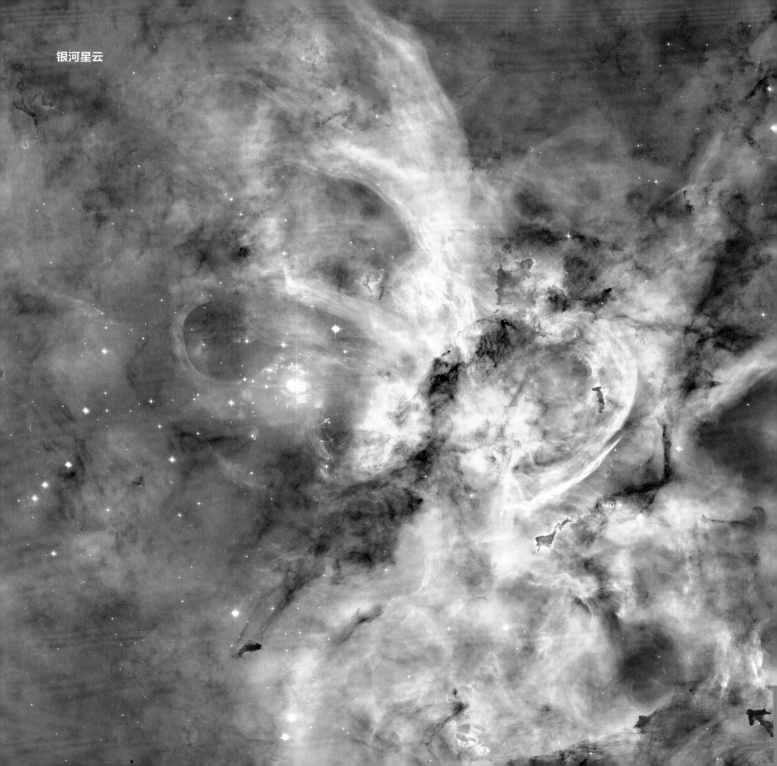
银河星云

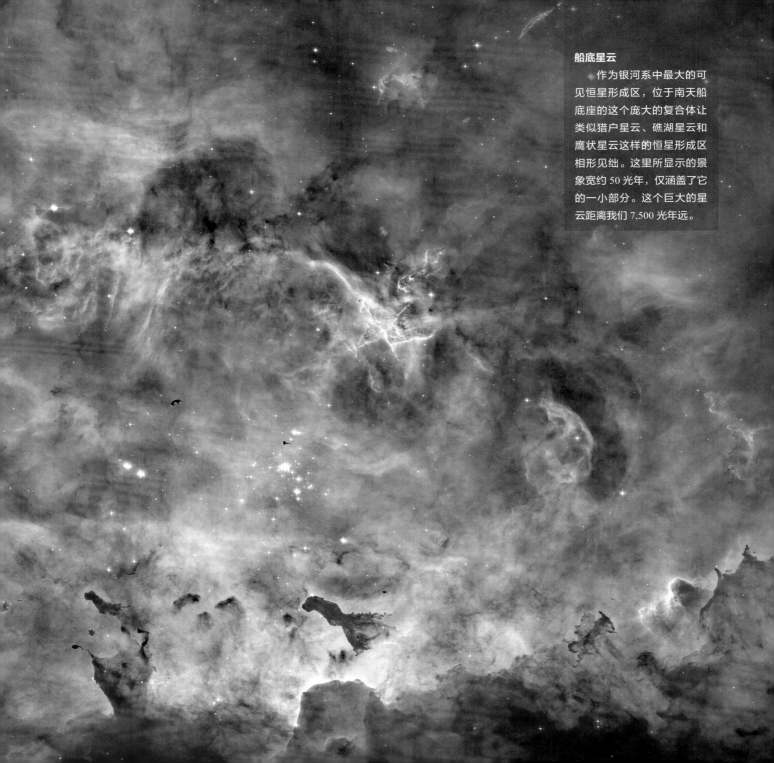

船底星云

　　作为银河系中最大的可见恒星形成区，位于南天船底座的这个庞大的复合体让类似猎户星云、礁湖星云和鹰状星云这样的恒星形成区相形见绌。这里所显示的景象宽约 50 光年，仅涵盖了它的一小部分。这个巨大的星云距离我们 7,500 光年远。

深入船底星云

　　这团位于船底星云区域的烟花爆发于 300 万年前，当时，第一代新生恒星在这团巨大的低温氢分子云中央凝聚成形，点燃自己。在此近距可见的暗星云团块是气体和尘埃结，看上去就像是在这片稀薄高温等离子体汪洋大海中的一个个小岛，正在抵抗这些明亮恒星的辐射侵蚀。

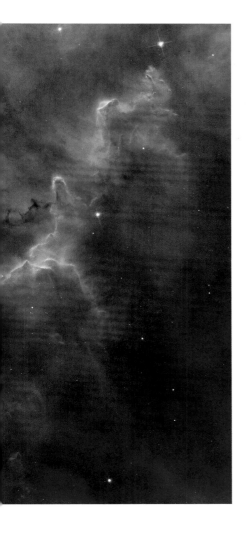

尼斯湖水怪

　　左侧的这个暗星云被称为尼斯湖水怪，看上去就像是传说中水怪的脖子和头。船底星云中强烈的星风和猛烈的紫外辐射正在挤压四周的低温氢气壁（即这幅图像的背景）。此处所展现的比例尺极大，例如，尼斯湖水怪暗星云"头部"的长度约是日地距离的 30,000 倍。

连续的恒星形成

　　这幅"哈勃"图像显示的是恒星连续形成的过程，由前一代大质量恒星触发新一代恒星形成所致。位于图像左侧的是一些高温的蓝白色恒星。由于这些恒星的星风和辐射驱散了气体，因此该星团周围的气体相对较少。气体和周围稠密的星云相撞时，前者会挤压后者，星云会在自身引力的作用下坍缩，开始形成新的恒星。

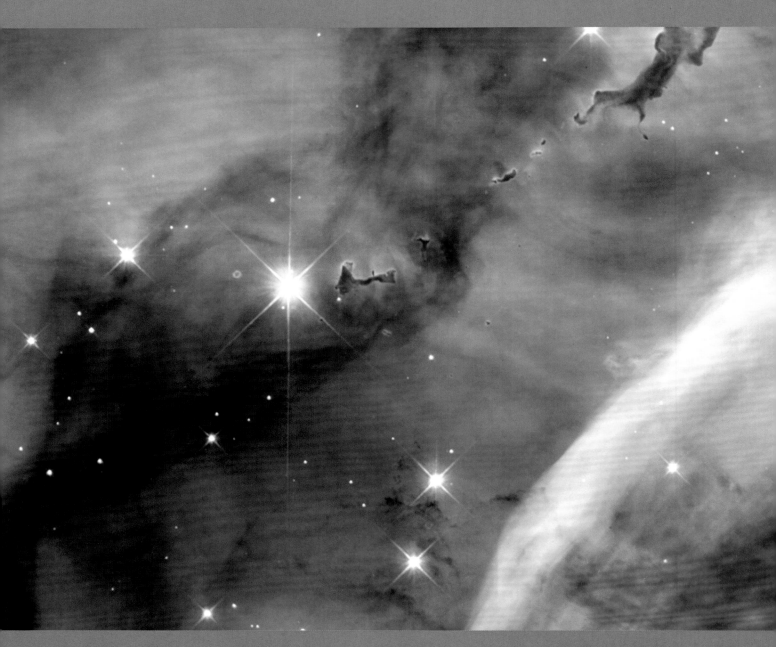

象鼻

　　船底星云中这一巨大的气体和尘埃柱仅是一个 3 光年长的柱形结构的顶端，这个大柱体暴露在大质量高温恒星的猛烈辐射之下。辐射雕琢出这个柱状体的外形，让新恒星在其中形成。从该结构的顶部还可以看到气体和尘埃流。

船底球状体

　　在船底星云的前景里，明亮年轻恒星间散布着黑色的球状体，让图像展现出惊人的立体感。在发光气体的光照下，一条扭曲的尘埃带呈现出了背光的景象。

伴星系中的恒星形成

距离最近的巨型恒星兵工厂并不在我们银河系之内。相反，它们是距离我们170,000和250,000光年的银河系伴星系：大麦哲伦云（以下简称大麦云）和小麦哲伦云（以下简称小麦云）。1519年，斐迪南·麦哲伦（Ferdinand Magellan）在环球旅行时首次描述了它们的存在。这两个恒星形成区位于南天，就像两片漂流在宇宙中的模糊光斑，用肉眼很容易就能看到。大麦云中最亮的星云是蜘蛛星云，因其在望远镜目镜中蜘蛛般的外形而得名（在第116~121页有蜘蛛星云中心区的图像）。

对页：这幅发光气体流的大视场图像隶属于N44C，也就是围绕大麦云的一个年轻星团中的星云。照亮这个星云的能源大约75,000℃，比大质量恒星的温度还高。这种高温来源不同寻常，可能来自中子星或黑洞发出的X射线。

在大麦云中这一宽达130光年的区域里，可以看到超过10,000颗的恒星。在恒星和气体的映衬下，还可以看到发光气体和黑色的星际尘埃区。

NGC2683

　　虽然正向旋涡星系能让我们看清它的细微结构，但如图所示的侧向旋涡星系 NGC2683 能展现出覆盖在其金色星系核之上的旋臂中的精致尘埃带。此外，遍及它星系盘的明亮年轻蓝色恒星标识出了恒星形成区的位置。"哈勃"高新巡天相机在两个毗邻的视场拍摄的可见光和红外波段照片共同制作了这幅图像。在中央靠右的位置有一条狭长的模糊条带，这是使用地面望远镜所拍摄图像打的拼接补丁。

我们的近邻星系

　　大麦哲伦云（大麦云）的恒星形成率是银河系中的 10 倍。虽然质量仅有银河系的 5%，但大麦云中却有着我们近距离宇宙中已知最大、最活跃的产星云：强大的蜘蛛星云。在这幅图像中大麦云的左上方，最大且最亮的粉色区域就是蜘蛛星云，肉眼看上去是一片模糊的光斑。大麦云是南天众多的珍宝之一，但对于纬度高于墨西哥城的观测者而言不可见。

天文台之夜

　　智利阿塔卡玛沙漠的中心是欧洲南方天文台甚大望远镜的所在地，那里是天文学的天堂：地球上可用来观测宇宙中的最干燥、最晴朗的地方。每天晚上，这四架巨型望远镜都会用于天文学研究，它们还常常会和哈勃空间望远镜联手。在这幅图像中望远镜之上的是群星璀璨的银河，未曾受到城市灯光或者大气尘埃和污染雾霾的破坏。只有"哈勃"具有比它更好的视角。在中央下方，大麦哲伦云仿佛从银河系中掉出来的一片星海，它是银河系的伴星系，在对页有它的放大图像。

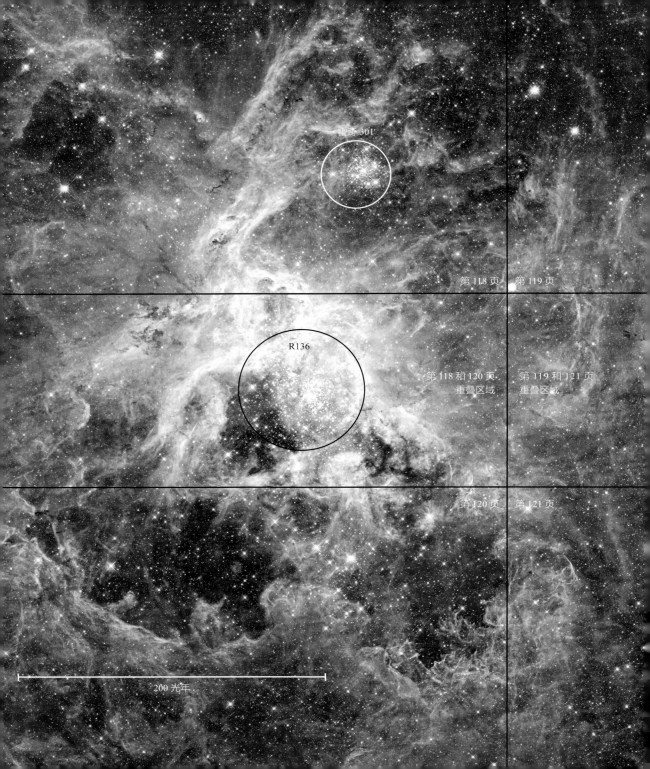

霍奇 301

R136

第 118 页 第 119 页

第 118 和 120 页
重叠区域

第 119 和 121 页
重叠区域

第 120 页 第 121 页

200 光年

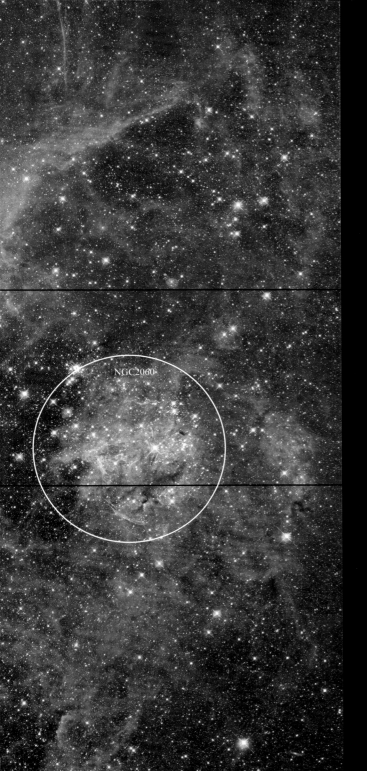

NGC2060

剑鱼 30

银河系周围最大、最高产的产星区是位于蜘蛛星云中的剑鱼 30。这幅图由"哈勃"大视场相机 3 拍摄的 15 幅图像和高新巡天相机拍摄的 15 幅图像合并而成，是迄今最大的数码拼接图像之一。接下去的 4 页完全展示了它高分辨率下的细节。如果蜘蛛星云位于猎户星云的位置上，那它会占据我们夜空中从地平线到头顶跨度的三分之一。宽约 650 光年，这幅"哈勃"图像揭示出了恒星一生的各个阶段，从仍被包裹在黑色气体茧中只有几千年的恒星胚胎到经由超新星爆发死去的庞然大物。在这里显示出的星团年龄从约 200 万年到 2,500 万年不等。在数百万年的时间里剑鱼 30 一直在剧烈地制造恒星。

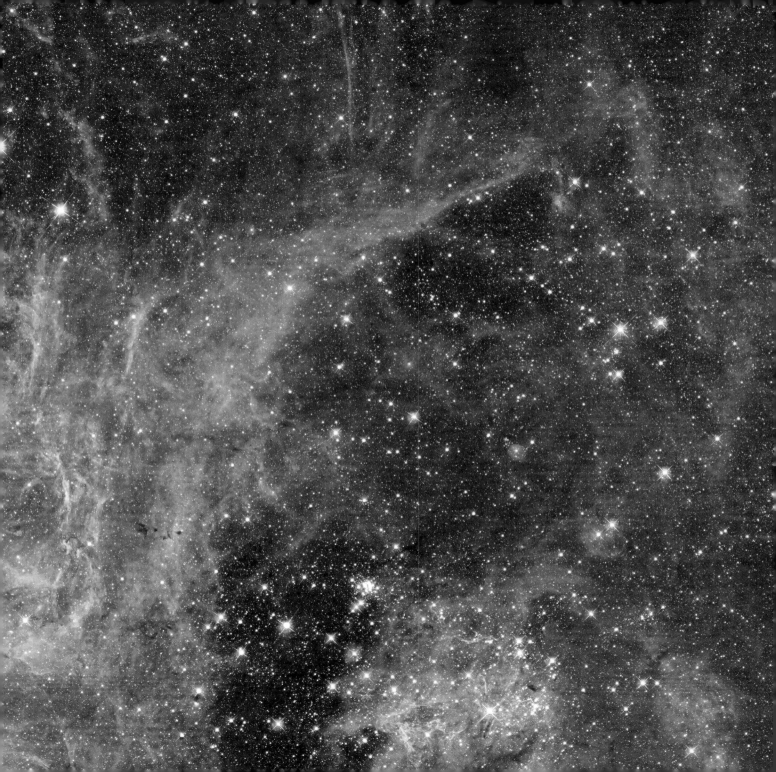

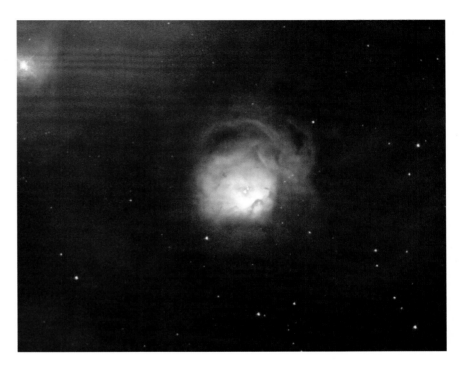

N11A

N11A 就像一朵漂浮在太空中的优雅玫瑰，位于大麦哲伦云中一个壮观的恒星形成区域内。它是那里最小也最致密的星云，说明它里面最近有大质量恒星形成。N11A 明亮中心的新生大质量恒星产生了激波和强劲星风，在气体和尘埃中制造出了一个空腔。

R136

R136 是蜘蛛星云中最明亮的年轻星团，位于麦哲伦云中最动荡的恒星形成区。虽然年龄只有几百万年，但目前已知它含有质量是太阳 100 多倍的恒星。这些恒星注定会在几百万年内爆炸成超新星。几十年前天文学家就在争论，该星团核心的强光源究竟是一个束缚紧密的星团，还是一颗类型未知、质量超太阳 1,000 倍的超级恒星。如今，"哈勃"和强大的地面望远镜利用精密的观测证明，它其实是一个极其密集的星团，观测结果令人心服口服。

NGC346

小麦云中含有太空中最活跃也最错综复杂的恒星形成区之一。有一道醒目的弧形贯穿 NGC346，粗糙的丝状结构犹如它的的脊柱。朝向中央星团的方向上有几个小型尘埃球状体，就像狂风中的风向袋。这里至少嵌埋着 3 个小型的星团，总数占小麦云中已知大质量恒星总数的大半。此外还能看到众多较小的星团。这些迷你星团中有一些埋藏在尘埃和星云物质中，是新近或者正在产星的场所。由于尘埃散射蓝光，这些星团所发出的大部分光都被红化。

NGC1760

这幅大视场的图像所展现的是大麦云中 N11 产星复合体中心的年轻恒星和气体云，那里是银河系附近最活跃的恒星形成区之一。

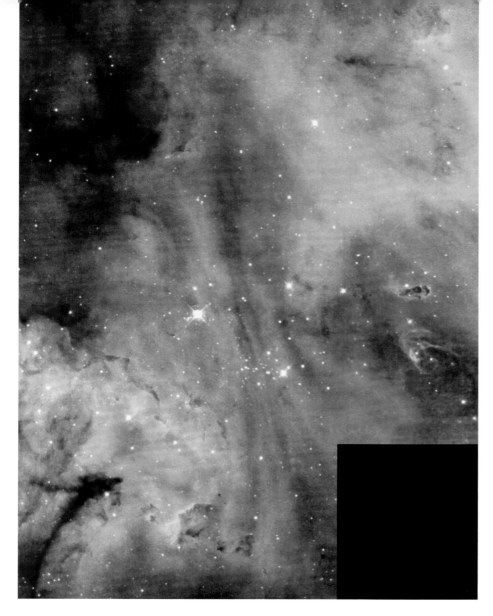

N90

图中结构具有不同寻常的石笋和钟乳石形状的特征，令人叹为观止，让人仿佛置身空中洞穴的入口处，感觉怪诞不已。在这个位于小麦哲伦云中的恒星形成区 N90 的中央，明亮的蓝色新生恒星正在塑造一个空腔。高温年轻恒星散发高能辐射，雕琢着这个星云外侧的内壁，慢慢地侵蚀、消耗外面的物质。指向这些蓝色恒星的尘埃柱是这些侵蚀效应的最佳证明。这个星云弥漫的外层阻挡了星团的物质外流。从图像的左上角和右下角可以看到尘埃脊和气体丝。正是有了"哈勃"，我们才得以了解该星团内的恒星如何形成、又如何从中心向外扩张。至今仍有恒星在沿着尘埃脊形成。

N180B

小麦云中的这个特殊区域被称为 N180B，它含有一些已知最明亮的星团。映衬在发光氢气和氧气之下的是 100 光年长的尘埃带，长度与该星云相当，交错在这幅图像中心附近的星团之上。在尘埃云中还能看到象鼻状的尘埃柱。这些尘埃云表明这仍是一个年轻的恒星形成区。

NGC2080

　　这个恒星形成区位于大麦哲伦云，绰号"鬼头星云"。一团高温大质量恒星发出辐射，在四周的气体中挖出了一个凹形的空腔。这里的"鬼眼"是包含有大质量恒星的两团高温发光的氢和氧。

N83B

　　这里我们可以看到年轻明亮大质量恒星的出世过程，恒星从它们的分子云庇护所中逐渐浮现。位于星云中央的恒星（最亮区域的正下方）比太阳亮 200,000 倍。仅在 30,000 年前，这颗恒星的强光和猛烈星风才清理掉其周围的气体，形成了这个直径约 25 光年的大泡。

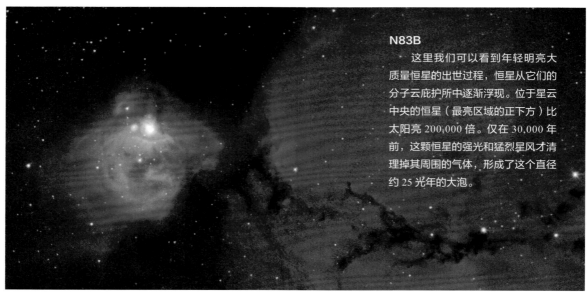

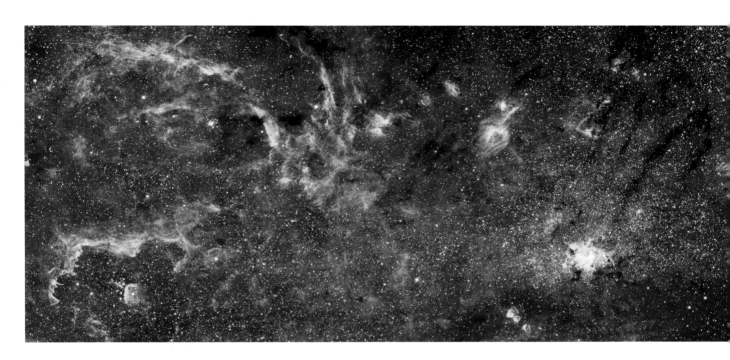

银河系中心

　　银河系中最曲折的恒星形成区位于银河系的中心。巨大的分子云围绕着银心转动，嵌埋在其中的是巨大的星团。图为银心区的合成红外图像，揭示了一群新的大质量恒星，以及之前围绕在银心 300 光年处的高温气体的复杂结构，展示了其中未曾被看到的细节。在银河系正中心有一个超大质量黑洞，质量是太阳的近 400 万倍。由于尘埃云的遮挡，在可见光下看不到银心。但红外光可以穿透尘埃，在右下方明亮恒星和高温气体中揭示出银心的所在。

M33 中的 NGC604

右上和右下：这个汹涌的氢云（方框中）是距离地球 270 万光年的三角星系中最明亮的天体。它所辐射出的能量来自数百颗年轻明亮的恒星。直径大约 1,500 光年，它是本星系群中最大的发光氢聚集地之一，同时也是一个大型的造星工厂。NGC604 的结构复杂，包括不规则的气泡和沿着稠密区域的扭曲细丝，都受到了年轻恒星的辐射侵蚀。水泡状的空腔正是该星云中受到较强侵蚀的地方。右上图由地面望远镜所拍摄；右下方的特写图像由"哈勃"所拍摄。

LH95

对页：这个被称为 LH95 的恒星形成区跨度 150 光年，正处于发育的后期，此时已有许多"胎盘星云"被年轻恒星吹散。一些稠密的部分还没有被完全侵蚀，在图中呈黑色的纤维状尘埃。通常，我们在恒星形成区中只能看到最明亮、最蓝且质量最大的恒星，但这里也能看到许多刚形成的黄色、较暗且质量也较小的恒星。还能看到的是被年轻恒星加热的弥漫氢所发出的蓝光，以及由恒星或者超新星爆发所产生的黑色尘埃。图中还能看到两个由年轻恒星组成的小型致密星团，一个位于图中央的右上方，另一个在左侧远端。

第五章　繁星绣帷

恒星是组成宇宙的基本单元，甚至可以说是宇宙中行星和生命存在的基础。几十亿年来，恒星聚集到一起，形成了从星团、星系到巨大星系团的层级式结构。

左图：大麦哲伦星云是银河系的伴星系，在其中最大的恒星形成区域里，有着明亮的星团，称为 OB 星协。LH72（图中所示）就是其中之一，是一群嵌埋在稠密氢气云里的大质量年轻蓝色恒星。

对页：球状星团 NGC6752 看上去就像皇帝的珠宝库，它的年龄超过 110 亿年，是已知最年老的星团之一。它持续发光的时间是我们太阳系存在时间的两倍。NGC6752 距离我们大约 13,000 光年。

在我们的银河系中，有 90% 的恒星是主序星，通过核聚变发光。蓝超巨星是最大的主序星，质量是太阳的 150 倍，比太阳亮 1,000 万倍。低质量红矮星是最小的主序星，质量大约只有太阳的八分之一，但温度甚至还没有白炽灯的灯丝高。质量更小的天体，内部压强不够大，无法让核心温度升高到能点燃核聚变反应的阈值之上，因此不满足主序星的基本定义。这类天体被称为褐矮星（见第 156 页）。

只要能达到完美的平衡状态，恒星就能位列主序之上。引力把恒星向内拉，而核聚变

对页：距离地球 17,000 光年的球状星团是一个含有 1,000 万颗恒星的巨大球形巢穴，像卫星一样绕银河系中心转动。这样的球状星团有 100 多个，半人马 ω 是其中最明亮、质量最大的。

右图：这是一幅半人马 ω 星团的图像，其中核心区深处的颜色增强，表示出不同温度的恒星。明亮的红色恒星是生命濒临终结的年老红巨星，它们体型硕大但温度相对较低。明亮的蓝色恒星正在以极高的温度燃烧核燃料，因此主要颜色为蓝色。其实它们也接近了寿命的终点。图中的白色恒星体型较小，温度和年龄都与太阳相仿，它们像盐粒一样散布在图中。最后，遍布图像的暗红色光点是已经耗尽能源的恒星，它们也曾年轻辉煌，如今正在冷却，变成恒星残骸。

又产生的向外辐射压，二者相互平衡，恒星就会成为稳定的球体。恒星的质量大小预示了它的寿命长短。我们的太阳在 100 亿年的时间里都会是一颗主序星（如今，它已经过完了一半的时间）。比太阳质量更大的蓝白色恒星会在不到 10 亿年的时间里把核燃料烧尽。最亮最大的蓝色恒星会迅猛地燃烧，在不到 5,000 万年的时间内发生爆炸。

还有另一个极端，也就是低温的红矮星。它可以燃烧 1 万亿多年，比宇宙目前的年龄 137 亿年还多很多倍。如果我们对宇宙未来命运的猜测正确，恒星就不会永恒存在。最后一颗恒星熄灭后，宇宙将会永久地陷入孤寂和黑暗之中。

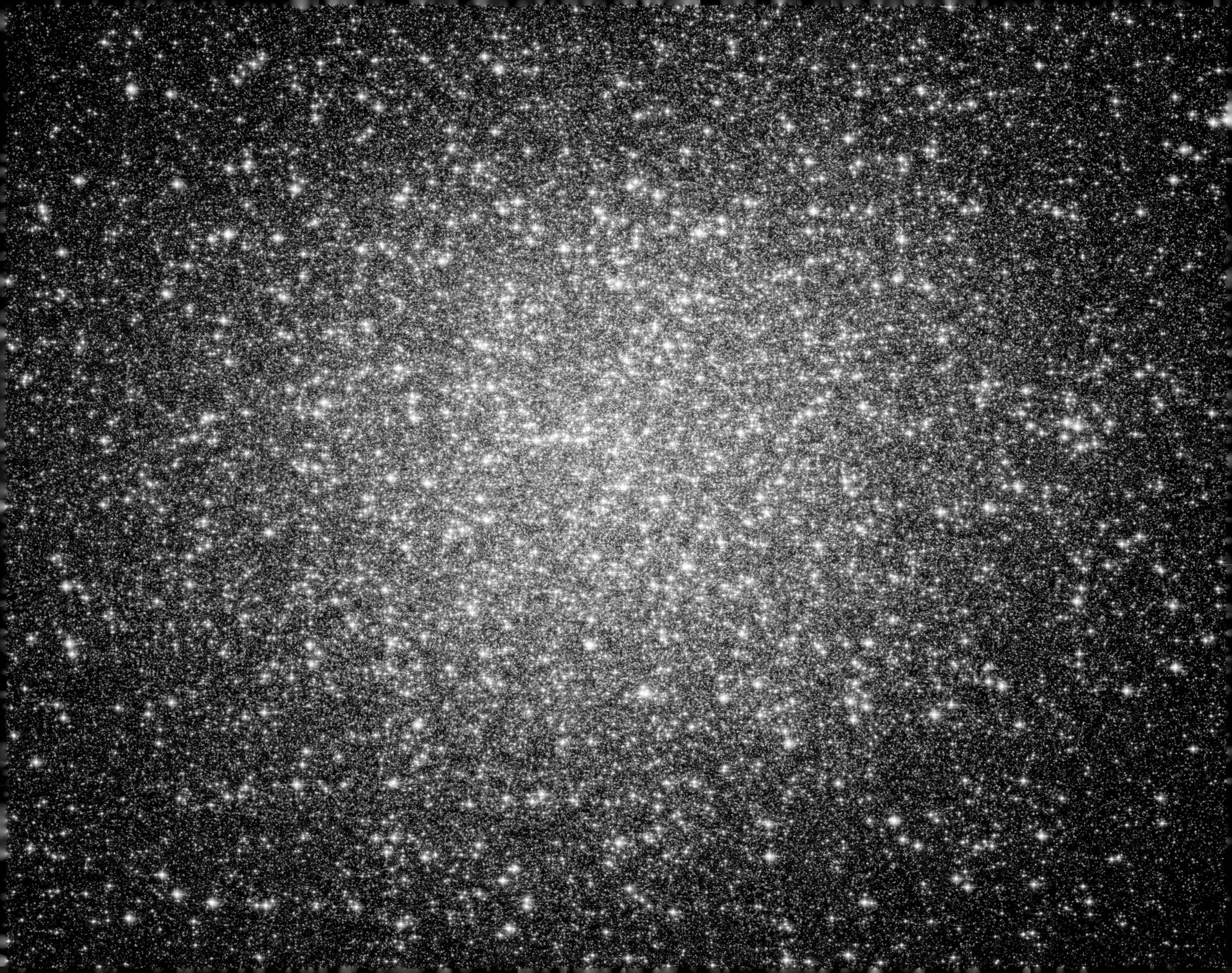

　　深场巡天显示，宇宙中的大多数恒星形成于大爆炸后几十亿年。目前在旋涡星系和一些不规则矮星系中，恒星形成率仅有之前的十分之一左右。如图所示，我们从侧向观看旋涡星系的盘时，觉得它看上去脏兮兮的。就像大型工业城市上方的空气，尘埃气体烟雾弥漫，充满各种各样的物质。其实，它们并不是污染物，而是下一代恒星和行星的原材料。星系中与此类似的螺旋密度波会激发新的恒星形成，不过远不如 100～120 亿年前年轻时那么剧烈。

疏散星团是一群靠引力短暂维系到一起的年轻恒星，形成于我们银河系盘里稠密的分子云中，大多数疏散星团寿命很短，因为在外部的引力作用下（尤其是巨分子云和其他星团），很容易被瓦解掉。和年龄可达数十亿年的球状星团不同，疏散星团会在 1 亿年里解体。逃逸出的单颗恒星会各自继续绕银河系中心转动。我们的太阳可能就是这样诞生的。

球状星团是由引力束缚的 10,000～1,000,000 颗恒星所组成的球形集合。远在银河系扁平的银盘之外，我们在银晕中就已经发现了至少 150 个球状星团。它们是参与并合形成银河系的星团残留下来的，因此里面含有银河系中最年老的恒星。在球状星团的中央，恒星会高密度聚集，间距只有几个光周。而在太阳附近，恒星之间的距离为几个光年。从一个球状星团的中心看去，夜空充满了恒星，格外明亮，只靠星光就能看书了。

这颗恒星正处于原恒星阶段的末期，温度虽已和太阳相当，但还没有启动核聚变反应。它叫作金牛 T 型星，有着扭结的磁场和巨大的黑子，它们会引发剧烈的 X 射线暴和极为强劲的星风。恒星在金牛 T 星阶段会停留约 1 亿年，随后会在核心启动核聚变反应，氢核会在那里聚合形成氦核。在此过程中，一些物质会被转化成能量。

胚胎恒星

我们用"原恒星"一词来描述恒星形成的胚胎阶段。原恒星是在巨分子氢云中坍缩形成的高密度氢和氦的结点，它依靠自身的引力收缩来提供向外释放的能量。这个阶段在恒星的形成中非常短暂，仅持续 100,000 年。

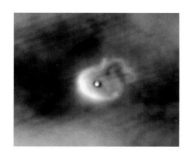

初期恒星体

　　宇宙喜欢做"薄烤饼",准确地说,是"盘"。这是恒星形成的前提。星系坍缩会形成盘;黑洞周围会形成盘;因此在恒星周围也会很自然地看到盘。无论一团星云是绕着星系核、黑洞还是恒星,只要它开始坍缩,为了保持角动量不变,自转速度就会加快。这和花样滑冰运动员收回手臂,加速"自转"的情形如出一辙。盘在离心力的支撑下,在恒星周围形成。

　　虽然盘中心的离心力最大,但它也有可能会让恒星吸积尘埃和气体的过程停滞。这个盘随后会开始坍缩到恒星上,形成团块,出现湍流。接着,初生恒星周围的气体和尘埃茧中的物质会补充给盘。物质的量取决于盘的厚度,它们盘旋着落到恒星上,在恒星上加热,随即以喷流的形式抛射而出,宣告恒星的出世。喷流长达几十亿千米,直冲星云而出,就像火箭拖着长长的烈焰。气体和尘埃团块等物质杂乱无章地落到恒星上,把喷流变成图中所见的类似珍珠串的样子。

恒星喷流序列

　　"哈勃"可以记录年轻恒星所喷射出的物质团块喷流随时间改变的状态。团块中的明亮区域是物质发生碰撞、加热和发光的地方。图片显示的是一系列亮区,随着物质加热后再冷却,亮区在右侧又会逐渐变暗。不过,在"哈勃"观测的 13 年间,图中左边的两个区域一直在增亮,表明它们是刚刚才出现的碰撞地点。这些团块状物质的运动速度超过了每小时 300,000 千米。

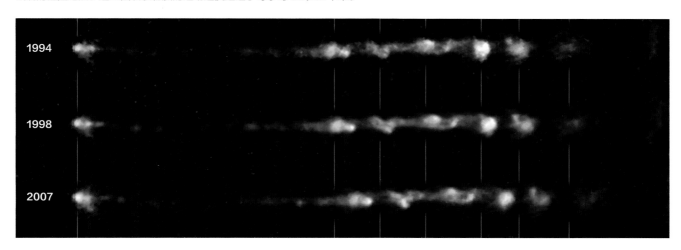

1994

1998

2007

红矮星 / 褐矮星

在这幅"哈勃"图像中，受望远镜的镜面支撑结构影响，红矮星 CHXR 73 看上去呈一个明亮的十字形。但图中让我们感兴趣的主要天体是它右下角的亮点 CHXR 73 B。这个亮点质量为木星的 12 倍，已经大到可以算作是一颗褐矮星了，也就是差一点没变成恒星的天体。褐矮星和恒星不同，它质量不够大，无法维持核心处的氢聚变反应，而这种反应却是类太阳恒星的能量来源；但它核心的温度又很高，可以发出暗弱的红外辐射，能让"哈勃"探测到。CHXR 73 B 与红矮星 CHXR 73 相距 300 亿千米。红矮星是宇宙中最常见的恒星。褐矮星可能也十分普遍，但它们太暗弱了，极其难以探测。

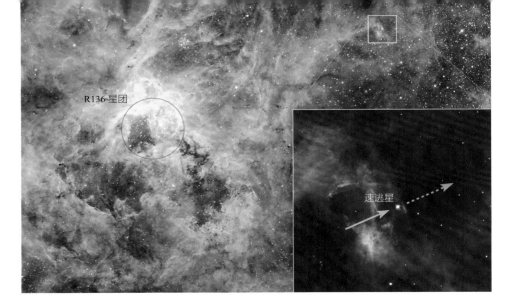

速逃星

"哈勃"拍摄到了一颗高温蓝色恒星，质量是太阳的 90 多倍，正在以非常快的速度在太空中疾驰。它从地球到月球只要 1 个小时。能让这颗恒星达到这个速度的唯一办法，就是让它的诞生地 R136 星团把它抛射出来。右上角的方框显示了它已从出生地向外运动了多远。一种可能是有一颗流浪的恒星闯入了这颗速逃星原来所在的双星系统，使它在引力的作用下，从系统中抛射了出来。只有质量非常大的恒星才具有这样的引力能，将一颗有着 90 倍太阳质量的恒星抛射出去。这强有力地表明，这个星团中，恒星的质量可以高达 150 倍太阳质量。

绘架 β 盘

恒星进入主序阶段之后，许多最初构成这颗恒星的小行星和行星体会相撞，在它周围形成尘埃盘。典型的星周盘是恒星绘架 β，位于南天的绘架座，距离地球 63 光年。早在发现太阳系外行星之前，天文学家就已注意到了绘架 β，因为对于这种温度的恒星，不会有这样强的红外辐射。这种现象可以用围绕这颗恒星的温暖尘埃盘的辐射来解释。天文学家认为，哪里有尘埃，哪里就可能会有行星。新生行星通过与原行星相互碰撞产生尘埃。例如，或许是由于刚诞生的地球与一颗火星大小的原行星发生碰撞，才产生了月球。

人马天窗

这一星场包含 100,000 多颗至少是太阳年龄的恒星，是"哈勃"所拍摄的天体最富集的图像之一。拍摄时，"哈勃"直接对准了银河系的中心。银心早在数十亿年前就停止了产星，因此那里没有年轻恒星。从人马天窗望去，仿佛透过"锁眼"看银心，刚好穿过了银河系中的尘埃和星云，使我们可以一睹 26,000 光年之外，位于夏季星座人马座中的拥挤银心。观测发现，有 16 颗恒星拥有行星"候选体"围绕自己转动。这些特殊的行星候选体距离宿主恒星非常近，隔几天就公转一周，因此很容易被发现，只是还未证实它们的行星身份。虽然"哈勃"并没有拍摄到这些天体，但是测到了它们经过宿主恒星前方时，后者的亮度微微减弱。

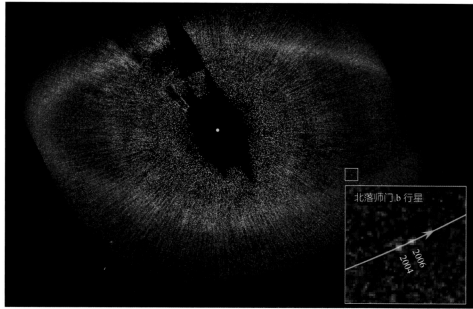

北落师门.b 行星

2006
2004

北落师门

从这幅"哈勃"的近红外图像中可以看到，名为"北落师门"的恒星周围有一个由尘埃和冰组成的薄环，直径 23 亿千米。这道环形状狭窄，证明其中可能有一颗行星正在看护着尘埃。小白框标记出了这颗疑似行星的所在地。右下角的插图显示了它 2004 年首次被观测到，以及 2006 年再次被观测到的景象。据预算，它的轨道周期为 872 年。

143

M5

　　这个令人眼花缭乱的星团形成于 120 多亿年前，不过其中也有一些出人意料的新人。球状星团中的恒星都形成于同一个恒星育婴室，会一起变老。质量最大的恒星迅速衰老，在不到 100 万年的时间里耗尽燃料储备，以超新星爆发的形式结束一生。这一过程让古老的 M5 星团中只剩下了年老的低质量恒星。这些恒星衰老、冷却，最终变成红巨星。然而，星团还出现了许多年轻蓝色恒星，称为蓝离散星。它们要么是在恒星间的碰撞中产生，要么是由于双星间的物质传递而形成。M5 位于巨蛇座，距离我们 25,000 光年。

星团

M15

　　M15 中那些光彩炫目的恒星年龄都在 130 亿年左右，可跻身宇宙中最古老的天体。M15 是已知最致密的球状星团，其中绝大多数物质都聚集在核心。天文学家认为，此类星团经历了被称为核心坍缩的过程，在此过程中，恒星之间的引力相互作用使星团的许多成员星都往中心迁移。M15 距离地球约 35,000 光年。

NGC1872

　　这个由数千颗恒星组成的富集星团位于大麦云中。按照星团的分类，一个星团通常要么是疏散星团，要么是球状星团，NGC1872 却兼顾两者的特点。它的富集程度犹如球状星团，但年轻得多，从散布其中的年轻蓝色恒星就能看出这一点。大麦云中，这样的中间星团很普遍，在我们银河系中却没有。

M13

　　这是一幅由"哈勃"所拍摄的大型球状星团 M13 中心的图像，极为清晰地展示了星团中心区域的几千颗恒星。M13 直径 145 光年，距离我们 25,000 光年。

帕洛玛 1

　　暗弱的球状星团帕洛玛 1 谜团重重，其中之一便是，它只有大多数球状星团的一半年龄大。球状星团可以追溯到 120 亿年前银河系形成的时候。这说明帕洛玛 1 的产生过程与众不同。也许它是 5 亿年前由于过于靠近银河系，被潮汐力撕碎所留下的小型星系核心的残骸。几十亿年来，我们的银河系已在其边缘吞噬了不计其数的小星系。

M71

M71（左图）相对于其他球状星团来说，聚集得不够紧密，显得有些松散，一开始我们认为它是疏散星团。但它里面恒星的年龄都在 120 亿年左右，与绝大多数球状星团中的恒星年龄相同。M71 距离地球 13,000 光年，直径 27 光年。

鬼魅的反射

昴星团中最亮的恒星发出强光，照亮了一个暗星际云的扭曲卷须，我们这才看到了它。这束星光类似于照射到空腔壁上的探照灯线，有时也会被掺杂着尘埃的低温暗气体云的表面所反射。蓝色恒星昴宿五位于图像右上角之外。昴星团又称七姊妹星，是金牛座中肉眼易见的疏散星团。

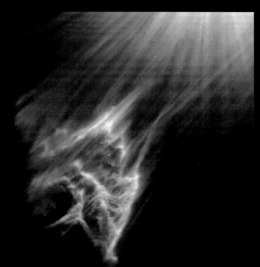

NGC1850

NGC1850 是一个年轻的"类球状星团"，也是大麦哲伦云中第二亮的星团。银河系中尚未发现此类星团。它有两种成分：位于中心的主星团和在右下方的更年轻、更小的星团。主星团年龄约为 5,000 万年；较小的星团则只有 400 万年。质量非常大的短命恒星爆炸产生了弥漫气体，把 NGC1850 包裹在中间。

巨星

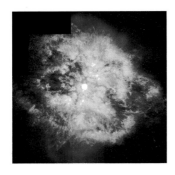

WR124

　　大质量恒星 WR124 被抛射出的高温气体团块层层包围，宛如在空中爆炸的礼花。"哈勃"分辨出了它周围巨大的发光气体弧，结构呈杂乱纤维状。这颗大质量中央恒星是一颗极为罕见的超高温恒星，寿命很短。根据它猛烈的物质抛射，我们明确它正处于过渡阶段。其中的团块可能源自它不均匀的强劲星风。

手枪星云星

　　手枪星云星是银河系中迄今所知最明亮的恒星，它的光亮是太阳的 1,000 万倍，大小足以容纳地球轨道。它在 6 秒钟内所释放出的能量相当于太阳在 1 年内所释放的能量。这一红外图像为我们揭示大质量恒星爆发产生了明亮的红色星云，大小近乎于从太阳到距其最近的恒星半人马 α 的长度。手枪星云星被人马座中巨大的星云遮挡，因此只在红外波段可见。如果我们能看到它的话，就能创下肉眼可见最远恒星的纪录，即 27,000 光年，远得惊人。

　　星团 NGC2040 漂浮在太空中，它和里面的恒星有着共同的起源。朦胧的蓝色赋予了它缥缈的外形。NGC2040 非常年轻，包含温度极高的大质量蓝色恒星。这个星团位于大麦云中，是恒星形成的温床。

巨星

WR25

　　船底星云中隐藏着称为特朗普勒 16 的疏散星团，其中有一对大质量恒星 WR25 和 Tr16-244。在这幅图像中，最蓝、最明亮的恒星就是 WR25，它也是这对双星中较大较亮的那颗。其实它是两颗恒星，但彼此靠得太近了，就连"哈勃"也无法把它们分辨开。两颗恒星的质量分别为太阳的 50 和 25 倍，在不到 1 年的时间里就会彼此绕转一周。这幅图中还能看到许多小得多的红矮星。

巨星

恒星产房

　　恒星形成的最初阶段快速而复杂，鲜为人知。但是我们知道的是，这个过程始于这些形状不规则的黑色星云中。宁静的星云变得引力不稳，开始坍缩，碎裂成更小的团块。坍缩的尺度极其惊人，气体的密度会增大 10 万亿亿（10^{21}）倍，相当于把苏必利尔湖压缩到 10 美分的大小。

　　引力会把星云撕开，按照比例形成低、中、高质量恒星，数量比例就像我们在沙滩上看到的石头：几块大石头，不少岩石，很多鹅卵石。只有极少数的星云可以形成蓝超巨星，这种恒星的质量从几十到一百多倍太阳质量不等。有百分之几的星云会形成太阳质量的恒星；绝大多数是红矮星，质量只有太阳的 1/6—1/4，这是在我们银河系邻域中数量最多的恒星。

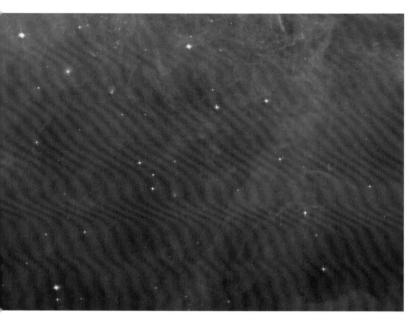

褐矮星

　　褐矮星是介于恒星和行星之间的天体，有时也称之为失败的恒星。它们的质量不到木星质量的 75～80 倍，温度太低，无法维持核聚变。很久以来，这种天体只存在于理论之中，因为它们极其暗弱，无法观测到。这幅"哈勃"图像显示，在猎户星云的深处存在大量褐矮星，它们的直径差不多为木星的 1～3 倍，比主序星小得多。

　　特齐安 5 与大多数球状星团不同，它位于银河系的核球中，而非远在银盘之上。这个星团很有趣，它里面含有不同类型的恒星。有些恒星的年龄仅有 60 亿年，有些则有 120 亿年。这说明，该星团是一个矮星系的遗迹。这个矮星系在极早的时候与银河系发生了并合，后来经历了第二个恒星形成期。

第六章　烈焰辉煌

1951 年，美国的五星上将道格拉斯·麦克阿瑟（Douglas MacArthur）发表了著名的退休演说："老兵永远不死，只是渐渐消隐。"绝大多数恒星就像这一传奇演说中的老兵一样——核聚变燃料耗尽时，它们会慢慢发暗，变成黑色。但是和人一样，"永不死"总有例外。有些恒星，尤其是质量最大的恒星，会以爆炸或者一系列剧烈的死亡形式来终结这一生的挣扎。有时，恒星死亡会产生极为剧烈的爆炸，横跨半个宇宙都能看见。

这个故事要从我们最了解的恒星——太阳说起了。太阳每秒会把 6.5 亿吨的氢转变成 6 亿吨的氦。在此过程中，有 5,000 万吨的氢被转化成纯能量，使之发光。

45 亿年以来，太阳一直在输出能量，但这个过程不是永恒的。最终，太阳的燃料也会耗尽。我们很难想象，有一天，金黄色的太阳不再升起。但这一天终会来临，只不过是在 50 亿年之后罢了。

我们是如何知道这些的呢？

要不是我们还住在一个仍在产星的星系中，我们就无法知道这一切。对于我们来说，恒星的寿命太长，人类无法目睹其一生的过往，就像仅能存活 1 个小时的蜉蝣无法看着人类长大一样。

夜空中散布着恒星垂死挣扎时留下的痕迹。但恒星不会白白死去，它们在自己几百万摄氏度的熔炉里锻造出了重元素，待到死亡之时把这些元素重新播撒入太空，最终还会形成新的恒星和行星。从死亡的恒星到新生的恒星，银河系精打细算，一遍遍循环着氢原料，这个过程已经持续了至少 100 亿年。

恒星生命的终结颇具戏剧色彩，和恒星的诞生一样，怪异不已，充满了吸引力。类太阳恒星晚年会陷入一场激烈的角力中，参战双方分别是在自身重量下把恒星向内拉的引力，和由中心核聚变产生的向外推的辐射能。如果核心能量输出减小，引力就会挤压恒星，使其收缩、升温、增亮。如果核聚变增强，恒星就会膨胀、变红、冷却。

因此，恒星的聚变引擎不可能永远调节自身的温度。在恒星生命的后期，它会在惰性氦核"灰烬"周围的球形壳层中聚变氢。随着聚变速率的升高，这颗恒星会膨胀成红巨星。在作为恒星存在的最后阶段中，它的大小和温度会出现急剧变化：氦核收缩，释放出引力能。这些能量一部分会加热核心，其余则会加热恒星的外层，使它们膨胀、变红。

红巨星会短暂收缩，直到中心温度升高到可以点燃核心的氦聚变。氦原子相撞形成碳原子、氧原子，然后在接下来的 1 亿年里继续燃烧氦。

对页：这个名为 S106 的双极恒星形成区看上去宛如在天上飞舞的雪天使。这片星云伸展出"翅膀"，留下了高温介质和相对低温介质运动过的明显痕迹。大质量年轻恒星 IRS 4（红外源 4）发射辐射，在星云中产生了如图所见的剧烈活动。从中央恒星向外延伸出了两个超高温气体瓣，中央恒星周围还有一个类似腰带的气体和尘埃环，让这个正在膨胀的星云看上去酷似沙漏。S106 直径约 1 光年，距离我们 2,000 光年。

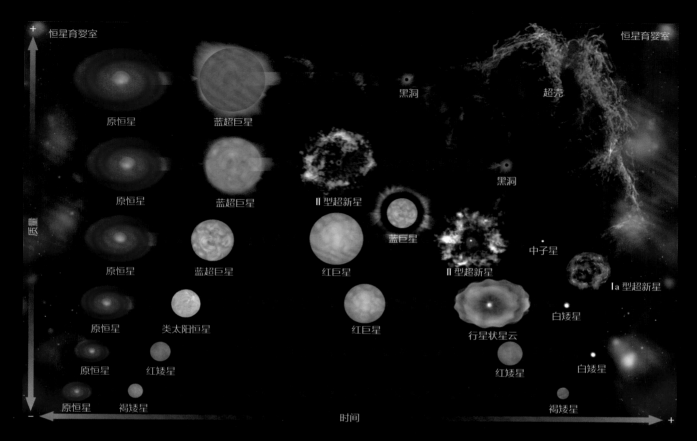

恒星育婴室　　　　　　　　　　　　　　　　　　　　　　　　　　　　恒星育婴室

黑洞　　　　超壳

原恒星　　　　蓝超巨星

原恒星　　　　蓝超巨星　　　Ⅱ型超新星　　黑洞

原恒星　　　　蓝超巨星　　　红巨星　　蓝巨星

原恒星　　　类太阳恒星　　　红巨星　　Ⅱ型超新星　　中子星　　Ⅰa 型超新星

原恒星　　红矮星　　　　　行星状星云　　白矮星

原恒星　　褐矮星　　　　　红矮星　　白矮星

时间　　　　　褐矮星

质量

图中显示了不同的恒星演化轨迹。所有恒星都形成于坍缩的气体和尘埃云，也就是原恒星云。恒星在形成过程中积聚的质量决定了它一生的命运。质量最小的恒星叫作红矮星，大约燃烧 1 万亿年后会耗尽所有燃料。褐矮星的质量和太阳相当，它能存活几十亿年。随着氢能源储备的枯竭，黄矮星到了生命的尽头时，会膨胀成红巨星。核聚变停止时，它又会引力坍缩成一颗白矮星，留下一片壮观的行星状星云。明亮的蓝巨星质量是太阳的好几倍，它们会以超新星爆发的形式死去，残留下的恒星核心会坍缩成一颗中子星或者黑洞。

恒星临近一生的终点时，由于核聚变输出能量的变化，恒星表面会发生脉动和振荡。每次脉动可以持续约1年，期间，恒星表面会膨胀、冷却。每次发生这一情况时，恒星外层就会抛射出一些物质。高温恒星会通过从表面吹出连续气流，即"星风"，向太空流失物质。

之后，这些垂死的恒星会慢慢陷入一个自己吐出的尘埃茧中。外层物质温度过高无法凝聚成尘埃，因而渐渐流失。蓝白色的高温聚变核心会收缩并升温。由于气体壳层被剥离，恒星的核心会渐渐地暴露出来。"哈勃"已经拍摄了许多这样的恒星核心，它们发出的明亮辐射会照亮周围斑驳的尘埃云。最终，这个恒星核心遗迹会收缩到地球大小，释放出一波紫外辐射，使得周围外流的星云气体发光。

我们的银河系中充满了这些垂死恒星的华美尸衣，早期观测者从望远镜中看去，这些星云像行星的圆面，因此把它们称为行星状星云。但事实上，许多行星状星云并非球形，而是更像沙漏，这说明，这些垂死的恒星中，许多都有伴星。伴星的轨道帮助构建厚尘埃盘，扣留了从垂死恒星流出的物质。就像挤牙膏，高温星风只有一个流出方向：沿着恒星的自转轴。

由此形成了向外膨胀的烟圈形结构，但它只能存在几万年——在银河系的时间尺度上，这只是一眨眼的工夫。但是，它向太空喷射了较重的元素，为后续恒星和行星的形成提供了原料。

左下：从NGC6886中央气体和尘埃茧中延伸出了由高温气体构成的热狗形的双极抛射物。中间深埋了一颗白矮星，温度极高，足以发出强烈的紫外线，让这片壮观的行星状星云中的气体发出荧光。

右下：一旦中央恒星变成白矮星，韦斯特布鲁克星云就会盛放成一个完全被照亮的行星状星云。可是现在，它还只是一片不透明的气体云，沿着恒星自转轴被抛射而出，寿命也不长。目前，在银河系我们只知道几百个行星状星云。

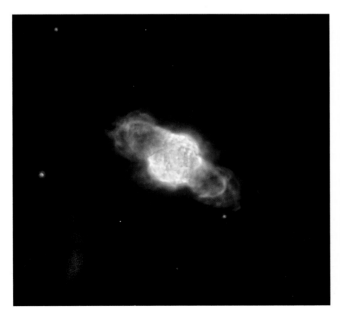

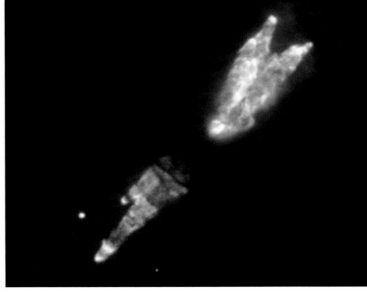

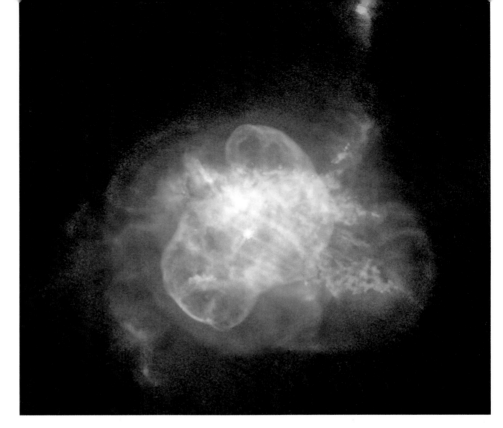

这幅"哈勃"图像反映了它前所未有的精度，为我们展示出了这个行星状星云的内部区域。从图中可以看出，位于 NGC6210 中央的垂死恒星抛射出了许多物质壳层。这颗中央恒星包裹在一个薄薄的蓝色气泡中，这个气泡有着精致的纤维结构，重叠在一个红色的气体结构之上，从中可以清晰地看到空洞、细丝以及柱状结构。

"哈勃"拍摄了一系列行星状星云的图像，揭示出了由衰老恒星所产生的极为错综复杂的结构：风车形，草坪喷灌式的喷流，优美的酒杯形，甚至还有一些看似火箭引擎的排气口。这些辉煌的雕塑让天文学家不禁开始重新思考恒星的演化，尤其是衰老恒星与不可见伴星——诸如行星、褐矮星或者较小的恒星——共同编织出的结构。

"哈勃"还在喷气恒星周围发现了尘埃构成的环状物。这些物体可能与一颗不可见的伴星之间的引力作用有关，这颗伴星可能是另一颗恒星，或者是一颗大质量行星。由此会产生两道沿着相反方向射出的高速粒子喷流。这些喷流会犁过周围的气体，就像从花园水管中喷出的水流射入沙堆。"哈勃"获得了这些发光气体内部壳层的高清晰图像，发现它们实际上是恒星死亡时产生的高速运动的高温气体，看起来就像气球中套着气球一样。

有些奇怪的发光"红色团块"位于某些行星状星云的内边缘，可能是垂死恒星吹出的高温物质流撞上了之前抛射出的气体。其他行星状星云还呈现出风车的形状，这是源于对称物质抛射而形成的镜像对称的复杂结构。

然而，这些星云究竟如何具有复杂形状和对称性，至今仍是个谜。在行星状星云形成前，红巨星应该会抛射出球形气体壳层。"哈勃"可以观测到非常微小结构的细节，这种能

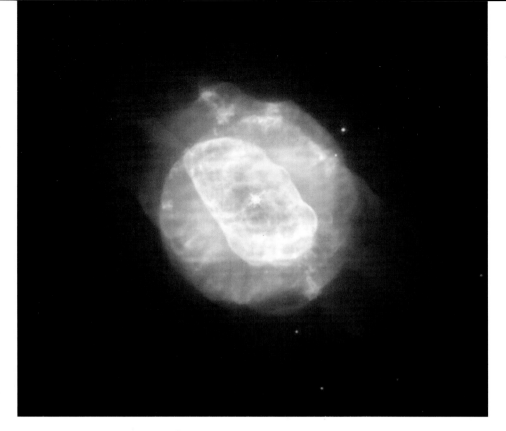

行星状星云 NGC5882 有一个拉长的内部气体壳层，和一个包裹在外面的较为暗弱的外部壳层，像气球套着气球似的。"哈勃"用极其清晰的图像揭示了这些壳层中错综复杂的结、细丝以及泡结构。

力有助于天文学家寻找解开这些宇宙难题的线索。

对于那些质量超过 7 个太阳质量的恒星，还有更加激烈的命运在等着它们。这些恒星会极速燃烧燃料，让自己的亮度超过太阳的 1,000 倍。即使它们消耗的氢比太阳最初的氢储备多得多，没个 1 亿年，它们也烧不完。

礼花表演就此开始。

大质量恒星在生命的晚期会形成类似洋葱的核聚变同心圈层。最外层会把氢转变成氦；下一层则会把氦转变成碳；然后是碳变成氧；等等。这些恒星是制造元素的巨型工厂，这些元素之后将会成为银河系中其他恒星、行星以及行星的原料。

超级恒星会形成一个低温的铁核心，可是铁无法维系核聚变。没有了核能释放的支撑，这颗枯竭恒星的大质量核心就会发生内爆。激波会扫过恒星，迎头撞上雪崩式下落的恒星外层物质，由此引发的爆震波会把恒星炸成碎片。此后几周内它所释放出的能量相当于太阳在 100 亿年中所发出的能量。

最终，坍缩的结果或许是高速自转的中子星，很多年后，它会以射电脉冲星的形式被观测到。或者，如果这个恒星的核心质量特别大，就会形成黑洞。

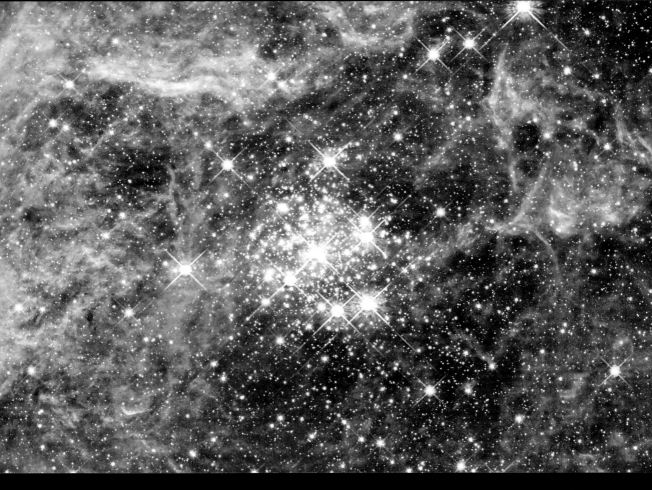

即便是在年轻的星团中，超新星也能像鞭炮似的爆炸，因为这个星团中质量最大的恒星在几百万年的时间里就会把自己燃烧殆尽，引发巨大的爆炸。这两页上所显示的两个星团都位于 170,000 光年之外的大麦哲伦云中。上图中，霍奇 301 的年龄只有 2,500 万年，其中一些年老的红超巨星已经以超新星的方式结束了自己的一生。对开页上，星团 NGC2060 含有一颗约在 10,000 年前爆炸的超新星，吹散了该星团周围的气体。

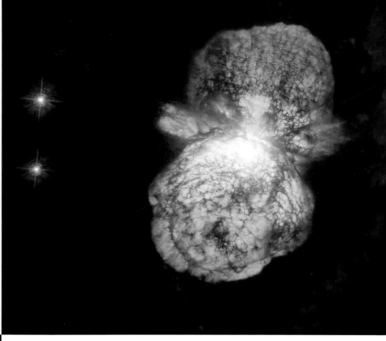

大犬 VY

下图：这颗红巨星的质量是太阳的 40 倍，亮度是太阳的 500,000 倍。它表面的活动区会发生局部爆发，喷射出物质环、弧和结。这些物质沿着各个方向朝太空高速运动。这颗恒星每次爆发都会损失很多物质，流失率是它这种质量的恒星在正常状态下的 10 倍。如果把大犬 VY 这颗巨大的恒星放到太阳的位置上，那它的表面就可以延伸到土星的轨道了。这些物质弧和结可能是大型恒星黑子或者表面的对流元胞所喷射出的气体外流。恒星黑子和对流元胞类似于与太阳磁场有关的黑子和日珥，只不过它们的尺度更为巨大。

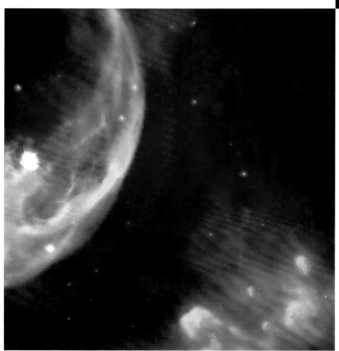

船底 η

上图：19 世纪初，南半球的观测者注意到船底 η 在逐渐增亮。到了 1843 年，它已成为夜空中排名第二的亮星。之后的半个世纪里，它又慢慢变暗，到了 1900 年，亮度降到了肉眼可见的极限之下。在这一事件中，船底 η 所发出的可见光与超新星差不多。这一缓慢的爆发产生了两个物质瓣和一个巨大薄盘，后者可能在围绕着该恒星的赤道转动。这个"8"字形的结构中夹杂着尘埃，因此外表看起来丝丝缕缕。船底 η 可能是一个双星系统，主星质量约为太阳的 100 倍，伴星只有主星一半大。终有一天，主星会爆炸，摧毁伴星。不过船底 η 距离我们 8,000 光年，或许它已经爆炸了，正朝我们这个方向发射出大量光和其他辐射，只不过距离太远，还没到达而已。

NGC7635

这个直径 6 光年的巨大球形"气泡"像一道边界，隔绝了剧烈的星风和星云宁静的内部世界。这是一颗强壮的中央恒星，质量是太阳的 40 倍，能以超过每小时 600 万千米的速度吹出强劲的星风。气泡的表面是星风的前锋。随着气体壳层膨胀，气泡会撞入低温气体区域，进而减速，在表面产生涟漪。气泡星云位于仙后座，距离我们 7,000 光年。

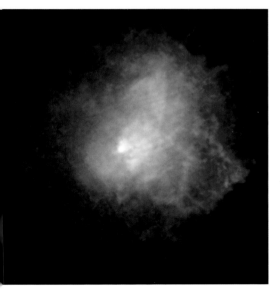

参宿四

恒星都极其遥远，即使从望远镜中看去，也只是一个个小光点，就算在"哈勃"这种分辨率极高的望远镜看来也是一样。不过，红巨星参宿四是个例外。这颗巨大的老年恒星位于猎户座，距离我们 600 光年，如今已经膨胀得超过了木星的轨道。如果把太阳缩小到一个网球的大小，按照相同的比例，参宿四仍有一个运动场那么大。"哈勃"分辨出了这颗巨星的表面，研究了它极其剧烈的大气环境，还在它表面发现了一个神秘的热

斑。这个热斑的直径是地球轨道的两倍，温度在 1,600 ℃以上，比参宿四的表面温度高。事实上，这是一个巨大的对流环，恒星内部的高温物质会由此上升到表面。随后，其他望远镜的研究显示，这颗恒星的表面十分斑驳，还有抛射出的气体所组成的巨大羽状物。

老年恒星

NGC3918

这个巨大的气体云中央是一颗红巨星。最后，恒星进入骚动期，核聚变变得很不稳定，硕大的气体云从表面抛射出来。残存的微小恒星辐射出的强紫外线使周围的气体发出荧光。后来，或许是由于气体分两次抛射而出，NGC3918 明亮的内部气体壳层和更为弥散的外部壳层向外膨胀，看上去就像一只眼睛。实际上，这些气体壳层是同时形成的，但从恒星抛射出的速度各有不同。从这一结构端点射出了强劲气体喷流，速度可达到每小时 320,000千米。

闵可夫斯基 2-9

这是一个"蝴蝶"形（或称双极）行星状星云的典型案例。沿垂直方向把闵可夫斯基 2-9 一切为二，其中每一半看起来都像一个喷气飞机的引擎。实际上，中央恒星确实是一个双星系统。其中一颗恒星的引力将另一颗恒星表面的气体拉出，形成了一个围绕它们向外延伸的气体盘。这个盘虽然薄，但很致密，大小大约是海王星轨道直径的 10 倍，可以从"哈勃"的图像中清晰看到。

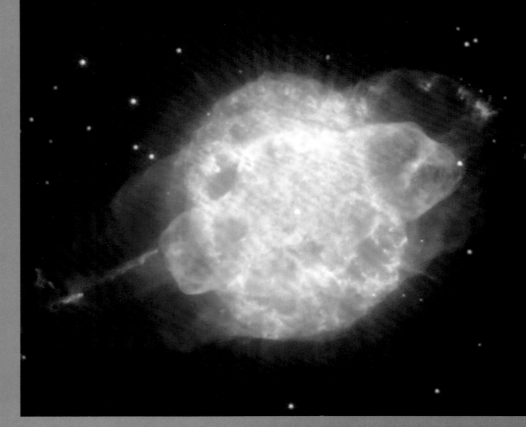

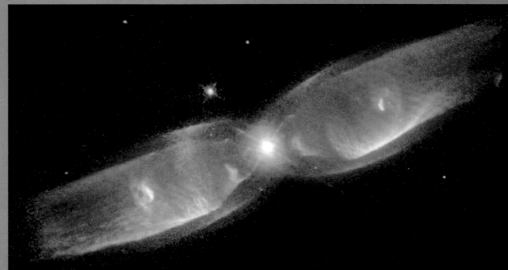

卵形星云（Egg Nebula）

这颗垂死的恒星有一个同心的尘埃壳层，从恒星向外延伸出了十分之一光年。图中有一条浓密的尘埃带几乎垂直穿过，挡住了中央恒星的光芒。从这颗隐藏着的恒星射出了两道光芒，就像在满是烟雾的房间中打开了探照灯，照亮了漆黑的尘埃。此图是透过偏振滤光片拍摄的，这样才能确定尘埃反射光线的方式。

红矩形星云（Red Rectangle）

这个围绕着垂死恒星的阶梯状结构又称为"通往天堂的阶梯"，令人叹为观止。这个星云编号为 HD 44179，考虑到它特殊的形状和颜色，我们通常也称之为"红矩形星云"。这些看起来像楼梯台阶的东西其实是尘埃锥体的投影，就像许多套在一起的酒杯。这些物质从中央恒星出发，沿两个相反的方向抛射出。每隔几百年就会出现一次物质抛射，或许这正是阶梯随时间向上抬升的原因，从接近侧向的视角看去，可能还能看到一系列"烟圈"。从星云的沙漏形状就能看出，其中央恒星是一个相互极其靠近的双星系统，轨道周期约为 10 个月。双星运动抛射出尘埃盘，遮挡了我们观测这个双星系统的视线。

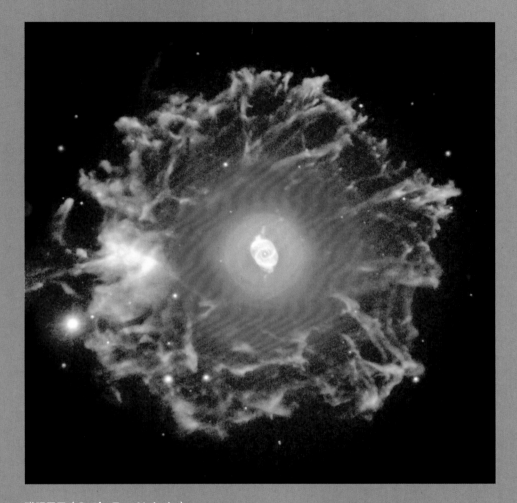

猫眼星云（Cat's Eye Nebula）

　　猫眼星云是人类发现的首批行星状星云，也是其中第一个被认证为高温气体泡的星云。如今已过去两个世纪，它仍是已知最复杂的行星状星云之一。对页是"哈勃"拍摄的猫眼星云图像，可分辨出它的同心气体壳层、高速气体喷流以及由激波产生的不寻常的气体结。"哈勃"还发现了一个暗弱的同心尘埃壳层结构，看起来像一只牛眼。这颗恒星坍缩成白矮星之前，还会进行一系列物质抛射，大约每 1,500 年会发生一次，最终产生了这些尘埃壳层。每个尘埃壳层的质量都和太阳系中的行星总质量相当。上图是视场更大的地面望远镜所拍摄的图像，显示了"哈勃"所拍摄的核心区及其在几千年前抛射出的外部壳层。

蝴蝶星云（Butterfly Nebula）

　　一个动荡不稳的气体泡被加热到 20,000 ℃以上，以超过每小时 100 万千米的速度膨胀，构成了这只宇宙蝴蝶的"翅膀"。这是个十分活跃的行星状星云，因为它中心的垂死恒星质量是太阳的 5 倍。这些发光的气体是这颗恒星的外层，大概是在 2,000 年前抛射出来的。这只蝴蝶的翼展超过 2 光年。中央恒星深藏在黑色的尘埃环中，无法看到。厚尘埃带箍缩在这个星云的中心，束紧了恒星的物质外流，让行星状星云形成了经典的双极或者沙漏形状，由此证明该星云中心存在一个双星系统。

螺旋星云（Helix Nebula）

　　螺旋星云有红色和蓝色的气体环，"哈勃"从中分辨出了形似"自行车辐条"的径向细丝结构，这也是宇宙中最壮观的行星状星云景象之一。螺旋星云的外表极具欺骗性：虽然看上去像一个气泡，但它其实是一个由气体组成的正向管道形结构、或者开口的桶形结构。这个发光的管状结构几乎正对着地球，因此看上去像一个气泡。中央恒星是一颗体积小但温度超高的白矮星，沿着星云的内边缘有几千根彗星形的柱状结构纷纷指向中央恒星。高温星风撞入之前抛射出的低温气体和尘埃壳层形成了这些触须。这个星云直径近 3 光年，相当于太阳到最相邻恒星的距离的四分之三。

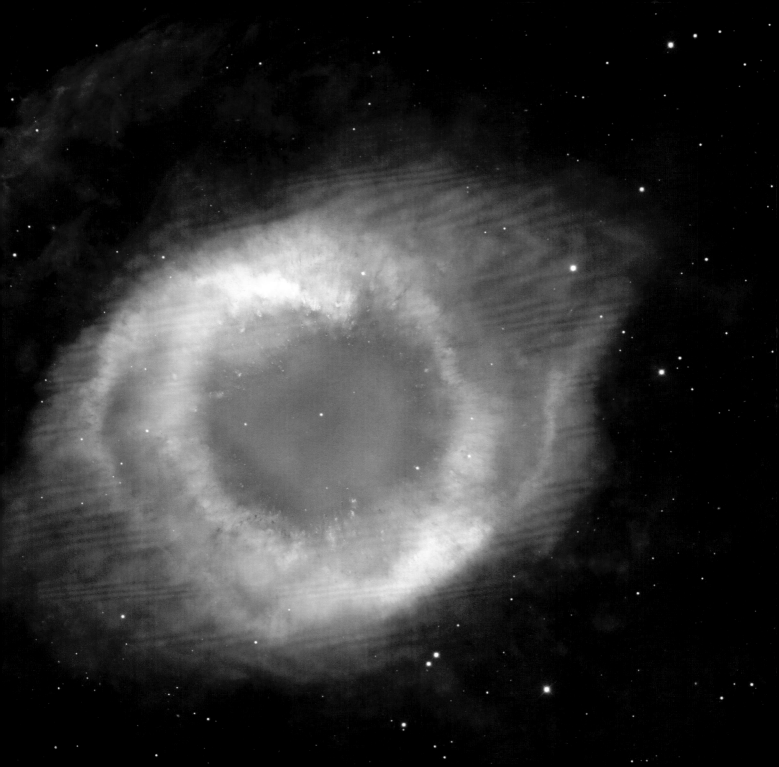

黑尼策 3-401（Henize 3-401）

　　年轻的行星状星云黑尼策 3-401 看上去就像一对喷气引擎。两个非常长的柱状外流具有错综复杂的丝线形结构和破碎的端点。黑色的尘埃盘可能是由中央的双星系统产生的，透过它可以看到中央恒星。这个盘可能还受到了恒星周围强磁场的作用，因此气体才形成了类似火箭喷气口的形状。

蜘蛛星云（spider nebula）

　　中央恒星吹出了猛烈的星风，形成了这个波浪形的结构，雕凿出有 4 条腿的蜘蛛星云。带电粒子的狂风时速大约为 1,600 万千米，波浪形结构向外移动的速度则较为缓慢，只有大约每小时 965,000 千米。这两个气体瓣结构的气壁并不平滑，而是有复杂的波纹。中央白矮星的温度至少有 300,000 ℃，是已知温度最高的恒星之一。该星云位于人马座，距离地球 3,000 光年。

蚂蚁星云（ant nebula）

"哈勃"天空动物园中有一个称为门泽尔 3 的成员，外形酷似一只蚂蚁。中央恒星可能有一颗密近的伴星，施加强潮汐力，塑造了外流气体的恒星。年轻恒星船底 η 质量非常大，显现出与门泽尔 3 类似的气体外流结构。

爱斯基摩星云（Eskimo Nebula）

这个行星状星云称为 NGC2392，也叫作爱斯基摩星云，因为从地面望远镜看去，它就像是一件爱斯基摩人穿的毛皮大衣。通过"哈勃"的眼睛，这些毛茸茸的结构看上去就像车轮的辐条，仿佛是从中央恒星沿径向向外伸出的巨大彗星。构成"彗头"的物质团块似乎都位于相同的半径之上。这一效应是由高温稀薄气体撞入低温稠密气体而产生的，在低温气体中会形成手指状的结构，是许多行星状星云共有的特征。

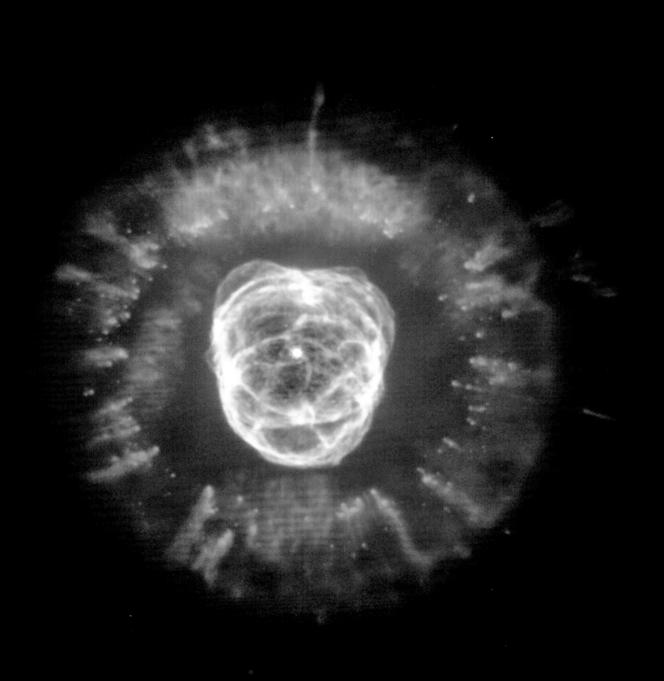

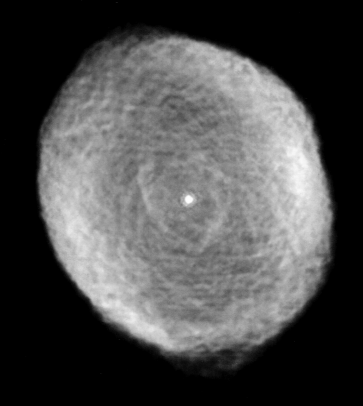

IC418

　　这是"哈勃"所拍摄的罕见的行星状星云之一。它的外表为球形，说明它是由一颗恒星抛射气体形成的，而非双星系统。星云内部的蓝色气泡表明它不止发生了一次爆发。究竟是何机制形成了星云中的精致条纹，目前仍是个谜。

闵可夫斯基 92（Minkowski 92）

右图：在一颗年老恒星两侧有巨大的洋葱形结构，整体外形看上去十分怪诞。这个星云中心有一颗垂死的恒星，但它表面仍有强烈的脉动，向外喷射物质。正是中央恒星发出的光让这个"洋葱"得以为人所见。在几千年的时间里，随着恒星温度逐渐升高，它的紫外辐射会由内而外地照亮周围的气体，让一切发光。

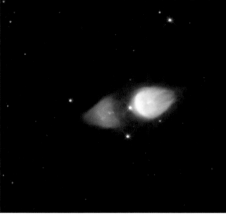

IRAS 13208-6020

这个天体具有清晰的双极结构，在两个相反的方向上有两个相似的物质外流，还有一个尘埃环围绕着中央恒星。

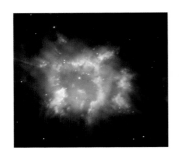

NGC6326

上图：这个行星状星云看上去就像一个转轮烟花。有时候，恒星抛射出的气体可以形成雅致的对称图案，但 NGC6326 却像飞溅的颜料。这个天体位于天坛座，距离地球 11,000 光年。

IRAS 19475+3119

右上：IRAS 19475+3119 星云外形奇特，犹如天使。中央恒星抛射出的气体云通过反射星光照亮自己。这颗恒星射出的喷流形成对称的空腔。该星云位于天鹅座，距离地球 15,000 光年。

IC4634

右图：一颗垂死恒星喷射出了"S"形的物质流，让它的外形看起来像一个迷你的星系。这些结构说明，恒星存在两次明显独立的气体抛射。其中一个距离中央恒星较远，因此是第一批抛射出的，紧接着是新近抛射出的，二者结合构成了更紧密的"S"形。这个星云位于蛇夫座，距离地球 7,500 光年。

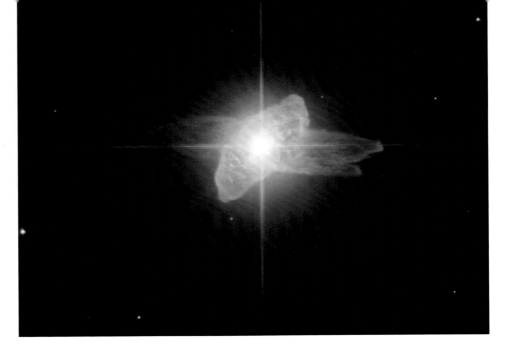

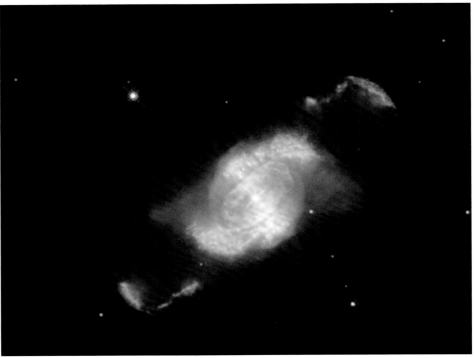

项链星云（Necklace Nebula）

　　这个耀眼的气体环直径20万亿千米，点缀着高密度的气体结，就像项链上的珠宝。一对密近绕转的恒星产生了这片星云。年老的恒星膨胀，直到完全包裹住它的伴星，伴星在这颗变大的老恒星内部继续转动，让老恒星开始高速自转，然后把许多气体抛射入太空。在离心力的作用下，大多数气体会沿着赤道逃逸，形成环状结构。其中的亮结是环中密度最高的气体结。目前这两颗恒星仍在高速相互绕转，轨道周期仅比一天多一点点。

IRAS 22036+5306

　　围绕这颗垂死恒星的丢弃物可能是彗星和其他小型岩质天体的残骸。黑色的尘埃环也许是在两颗中央恒星的相互作用下形成的，垂死的恒星在那里吞下了它的伴星。从这颗恒星的两极射出了两道喷流，时速超过600,000千米。星云位于仙王座，距离地球6,500光年。

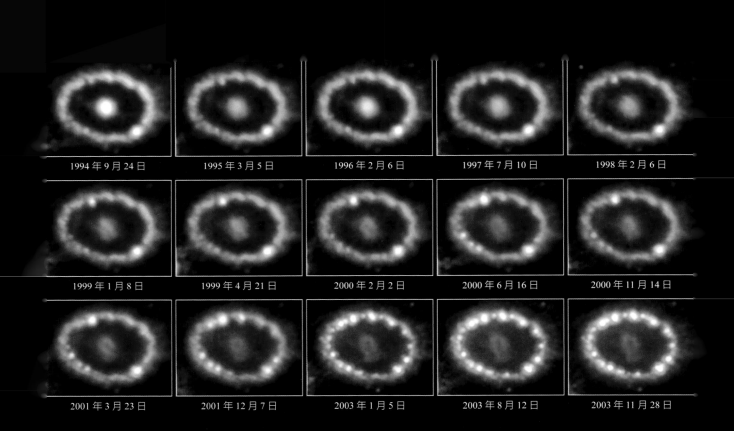

1994 年 9 月 24 日	1995 年 3 月 5 日	1996 年 2 月 6 日	1997 年 7 月 10 日	1998 年 2 月 6 日
1999 年 1 月 8 日	1999 年 4 月 21 日	2000 年 2 月 2 日	2000 年 6 月 16 日	2000 年 11 月 14 日
2001 年 3 月 23 日	2001 年 12 月 7 日	2003 年 1 月 5 日	2003 年 8 月 12 日	2003 年 11 月 28 日

SN 1987A

　　1987 年 2 月 23 日，四个世纪以来，从地球上可见的最亮的超新星照亮了南半球的天空。这颗恒星在 169,000 光年之外的大麦云中发生了爆炸。虽然"哈勃"在 1987 年还没有开始投入使用，但几年后它所拍摄的图像仍可以为我们揭示，在这个超新星遗迹周围有一个直径 10 万亿千米的发光气体环。这个环是抛射出的富氢恒星包层的遗迹。而这个包层应该是这颗超新星的前身恒星通过温和的星风抛射出去的，它在爆炸前膨胀了 10,000 年，吞食了一颗较小的伴星。这种行为会加速该巨星的自转速率，让它在沿着赤道的方向上可以高效地抛射出物质。超新星爆发后的前几小时里，气体不会受到紫外辐射的冲击而发光。气体环变暗时，天文学家目睹了因超新星的激波撞击而产生的动能潮汐波。撞击抛出物产生了激波，使环中 30～40 个珍珠状的"热斑"增亮，它们不断生长，合并到一起形成辐射环。多年来，天文学家在环中央观测到了一个长哑铃形的结构，它由两个残骸瓣组

N132D

　　这幅图像拍摄了年龄为 3,000 岁的超新星遗迹，恒星之间漂浮着错综复杂的发光气体亮条。这场巨大的爆炸发生在大麦哲伦云中。源自超新星的超音速膨胀激波撞击侵入遍及星系的稀薄星际气体，雕琢出了 N132D 的复杂结构。

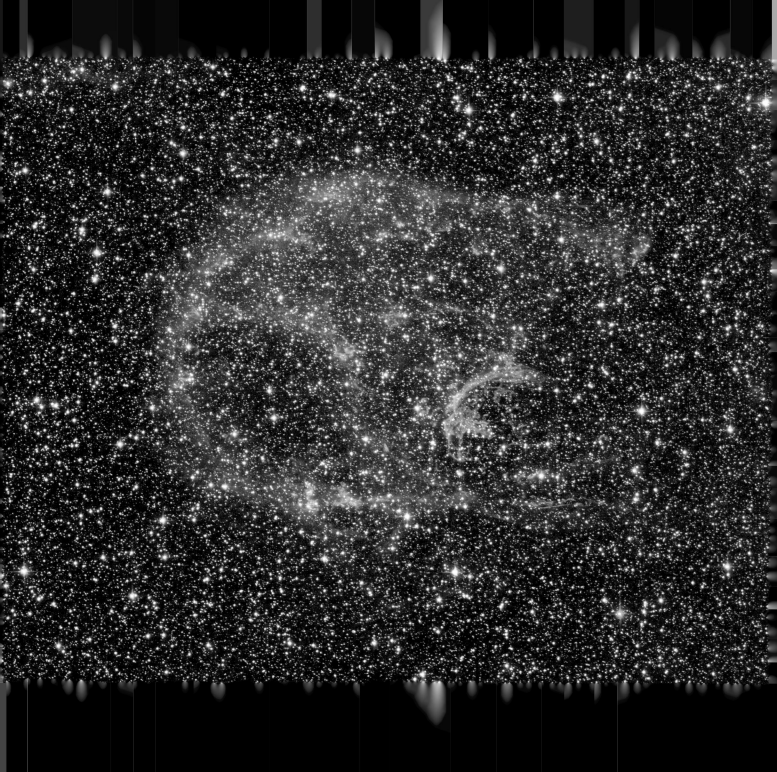

宇宙墓碑

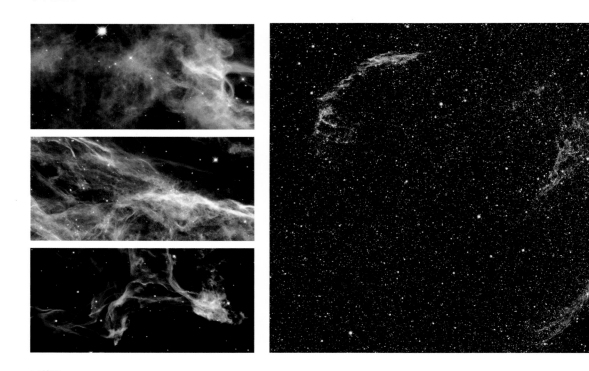

天鹅圈

　　上面的三幅图像为我们展示了巨大天鹅圈的局部区域，右上方的是一名天文爱好者拍摄的天鹅圈的大视场图像。这个年龄为 15,000 年的超新星遗迹在天空中所覆盖的区域超过了满月直径的 6 倍。它产生的爆震波刚刚撞入一团稠密的星际气体云，在其中产生了激波，加热了气体，使之发光。蓝色部分是氧的辐射，红色部分是硫的辐射，绿色部分是氢的辐射。

仙后 A

　　17 世纪末，一颗恒星的死亡造就了超新星遗迹仙后 A，这是一个直径 10 光年、由恒星抛射出的丝状物质和团块所组成的破碎的环。令人不可思议的是，当时没有人报告说看到了能表明这次超新星爆发的亮星。爆炸激波扫过这堆巨大的残骸，使之加热发光。仙后 A 正在以每小时近 5,000 万千米的速度膨胀。

蟹状星云（Crab Nebula）

在所有超新星遗迹中，最上相的要属 18 世纪夏尔·梅西叶（Charles Messier）首次观测到的天体——蟹状星云了，这也是后来他编写的星云表中排在第一位的天体。到 1900 年，天文学家已经测量了蟹状星云的膨胀速率，计算发现，该星云的爆炸应该发生在大约 900 年前。这对应了 1054 年中国天文学家的观测记录：白天出现了一颗亮星。自那以来，这个星云已经膨胀到了直径 6 光年左右。前身星留下了纤维状结构的遗迹，成分大多是氢，还有少量的硫和氧。1968 年，天文学家在其中发现了一个强劲的中央天体，这也是它前身星留下的残骸核心，在以每秒 30 次的频率发射射电脉冲，这意味着它必然是在高速自转，向外发射能量束。只有极端致密的中子星才能在如此快速的自转中仍保持完整的外形，也就是脉冲星。但在这幅"哈勃"图像上几乎看不到这颗中子星。"哈勃"拍摄了这颗中子星周围惊人的同心磁环结构（见第 188 页）。这个类似环的结构会发射出 X 射线。高能粒子轰击星云内部物质，使其发出奇异的蓝光。

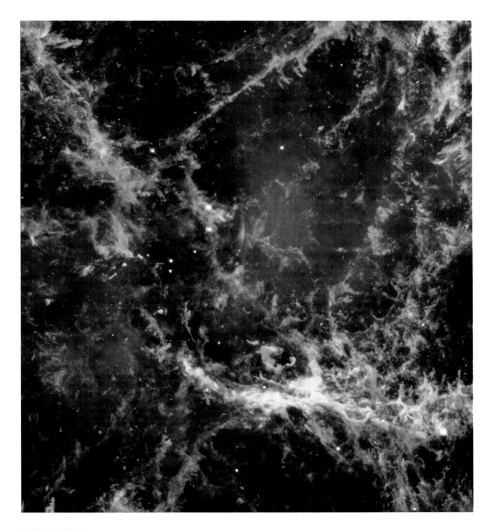

蟹状星云特写

在超新星爆发中，蟹状星云的前身星抛射出了外层物质，构成了这张多彩的丝网。虽然它们看上去离这颗脉冲星很近，但其实位于图像底部附近的黄绿色丝状结构更靠近我们，并且在以每小时 160 万千米的速度朝我们飞来。图像顶部附近的橙色和粉色丝状体则正在以差不多的速度远离我们运动。图像中心偏左的一对亮星中，处于下方的那一颗就是蟹状星云脉冲星。

宇宙墓碑

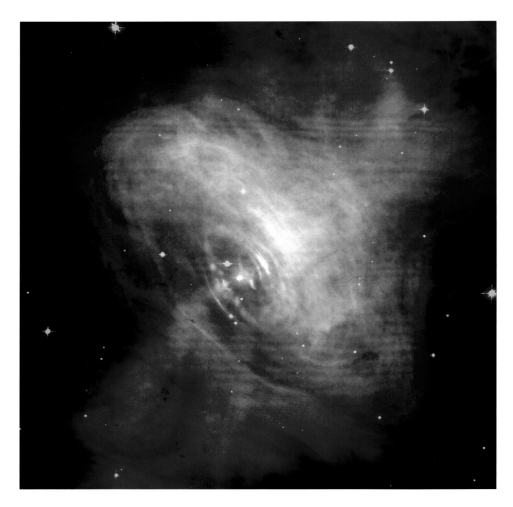

红丝带

1006 年由一颗超新星爆炸而生，图中显示的是它膨胀遗迹边缘的一小部分。超新星爆震波以 1,000 万千米的时速撞入周围极其稀薄的气体，形成了这个扭曲的光带。高速激波加热氢气，发出可见光辐射。丝带明亮的边缘正好是激波侧向面对我们视线的地方。

蟹状星云脉冲星

这张"哈勃"拍摄的特写照片是蟹状星云脉冲星的周边区域。从图中可以看到，亮条以 0.5 倍光速的速度向外运动，形成了一个膨胀的环。不论是从钱德拉 X 射线天文台的图像，还是从"哈勃"的可见光图像，都能看出来。（这里给出的是由两架望远镜拍摄的照片所合成的图像。）这些亮条似乎来自一道激波，表现为内部的一个 X 射线环。这个环由大概 20 个结组成，忽明忽暗、来回晃动，偶尔还会发生爆发，让粒子云几乎在原地就可以膨胀。垂直于内外环的方向上还射出了两道湍急的喷流。

189

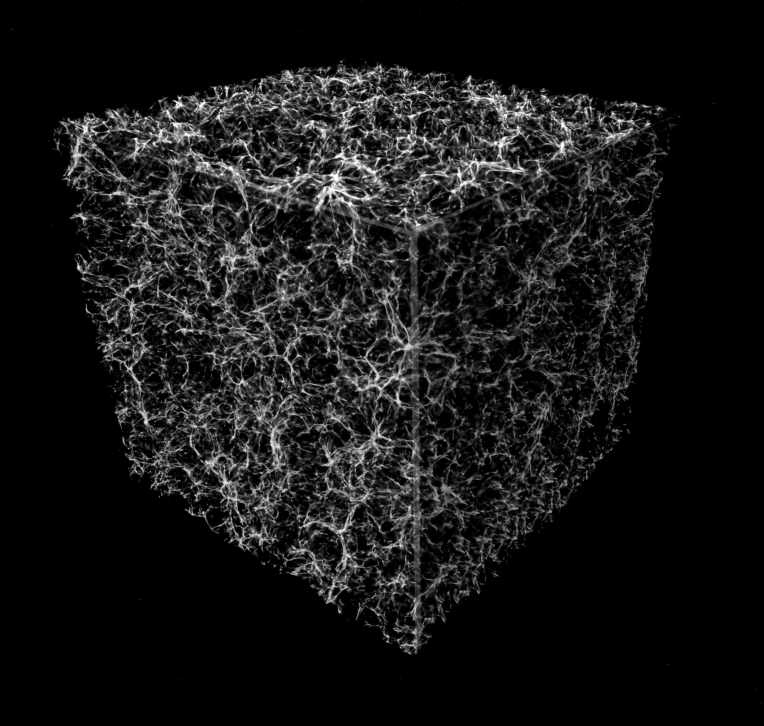

第七章　隐秘宇宙

　　尽管"哈勃"眼中的宇宙宏伟绚烂，但实际上，宇宙仍有相当大的一部分无法为人所见。宇宙中唯一真正发光的物质形式是一亿亿亿（10^{24}）颗恒星，但一散落在宇宙中，就成了点缀在不可见结构之上的点点亮光。所有的恒星和星系所代表的仅仅是整个物质集合中的微小部分。其余部分则由神秘的物质构成，称为暗物质。

　　天文学家知道暗物质的存在已有半个多世纪之久，但是它到底是什么，至今仍没有线索。我们看不见它不仅仅是因为颜色暗。它是某种未知的物质形式，与组成恒星、行星、甚至人的原子有着本质区别。物理学家希望，有朝一日能在亚原子粒子加速对撞机中产生出一个暗物质粒子。

　　暗物质构成了 25% 的宇宙。天体物理学家不了解暗物质的本质，就好像我们不了解水的本质一样，况且水还覆盖了地球表面的四分之三。

　　更重要的是，天文学家已经意识到暗物质是宇宙的骨架。原初的氢气会在引力的作用下，沿着大爆炸后不久形成的巨大的暗物质纤维状结构凝聚成恒星。科学家对含有暗物质的早期宇宙进行数值模拟，发现了这样的特点，说明宇宙物质从均匀分布向海绵状结构的转变。这些模拟与我们实际看到的星系纤维状分布相符。

　　暗物质对普通物质"态度冷淡"，不会与之发生相互作用。但是，暗物质有质量，会像普通物质一样产生引力，如同在房间里站着韦尔斯（H. G. Wells）笔下的"隐形人"。因此，我们可以精确测量它这种幽灵般的作用。

　　如果没有暗物质的引力，银河系中的 1 千亿颗恒星就会四散而去，飞入宇宙深空，无法像现在这样稳定地驻留在薄饼形的圆盘中。我们的星系深深地埋在一团巨大的暗物质云中，它的总质量至少是银河系中恒星总和的 10 倍。同样地，如果没有大量物质的引力维系，整个星系团也会土崩瓦解。

　　有的理论家提出，暗物质并非不可见的物质形式，它们的引力或许是从另一个平行宇宙泄漏到我们宇宙中的。因此，暗物质并不存在。虽然引力无处不在，但它在大自然的四种作用力中仍是最弱的。为何如此呢？有一种理论解释认为，这是因为渗透了其他维度。

　　然而，"哈勃"不仅测量了暗物质所施加引力的强度，还测量了它在空间中的分布，为暗物质的真实存在提供了直接的观测证据。探测暗物质在空间和时间上分布，有助于我们了解星系如何在数十亿年的时间里生长、成团。追踪星系在暗物质作用下的成团过程，最终会为暗能量提供线索。暗能量表现为斥力，会阻碍暗物质快速成团。

　　计算机对 1 万亿立方光年的宇宙进行模拟，构建了暗物质的结构，这副不可见的骨架决定了星系和星系团的分布。暗物质无处不在，极其重要，但在近半个世纪的研究之后，它对我们来说仍是一个谜题。

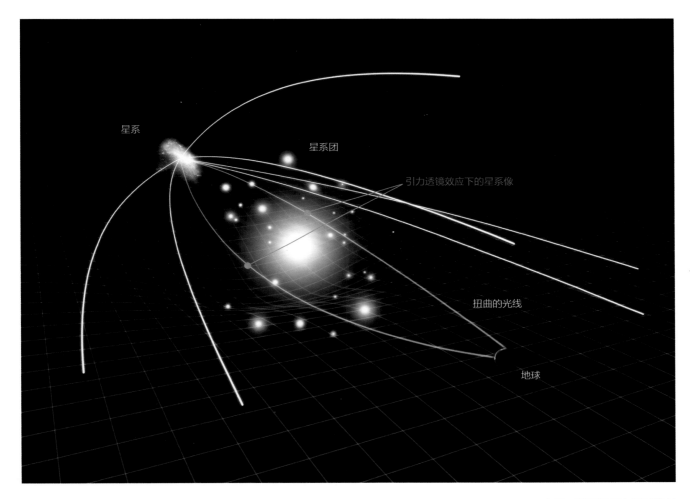

图中标注：
星系
星系团
引力透镜效应下的星系像
扭曲的光线
地球

直击暗物质

"哈勃"可以追踪暗物质在宇宙中所留下的幽灵般的引力足迹，对暗物质进行精密的勘测。这种现象称为引力透镜，是大自然最大的光学幻影。

爱因斯坦首次在广义相对论中提出，引力会使空间结构弯曲。换句话说，引力并不是延伸出去抓住物体的力，就像地球其实并没有拽住月球。事实上，引力弯曲了空间，拉伸了时间。弯曲的空间会改变物体的运动和方向。月球沿着一条近圆形的轨迹绕地球转动，是因为它是在沿着弯曲的时空滑动，就像往盘子里扔一枚硬币，硬币会朝不同的方向飞出一样。

上图：遥远星系向地球发射的光线，受到位于传播路径上的星系的引力弯曲作用。这种现象称为引力透镜。

对页：20 世纪 30 年代末，天文学家研究后发星系团时，首次发现暗物质可能遍及星系团中。直到 20 世纪 70 年代，他们才真正意识到暗物质的重要性。

一束光穿过弯曲的空间时，也会被弯曲。空间和放大镜一样，也能弯曲光。爱因斯坦发现，如果大质量前景天体（无论是太阳、黑洞，还是一整个星团）弯曲了空间，更遥远天体所发出的光就会被扭曲、增亮、放大。于是他提出，望远镜可以利用太空的这种效应。不过他也觉得这种扭曲作用太小了，引力透镜效应可能不太容易观测到。

1979 年，天文学家第一次直接观测了宇宙深处的引力透镜，由此确认前景星系把一个遥远类星体的光分解成了两个像。自"哈勃"发射到得出这一发现，一共历时 11 年。在此期间，地面望远镜只发现了大约十几例引力透镜现象。"哈勃"的分辨率远超地面望远镜 10 倍，能看到暗好几倍的天体，得益于此，它很快就发现了许多引力透镜的小型事例，在典型的前景星系团中发现了大量受引力透镜效应影响的源。

"哈勃"的敏锐视力非常适合在整个宇宙中寻找引力透镜。引力透镜现象可以极好地反映出宇宙到底有多拥挤。因为前景星系团会重叠在背景星系之上，在大量星系聚集而成的巨型星系团和超星系团中，会产生类似哈哈镜的扭曲效应。

宇宙中的暗物质如此之多，像有纹理的浴帘一样，扰动着时空结构。普通物质的引力也会如此，但暗物质的影响更加明显。

我们如何知道来自遥远星系的光是否被扭曲了？如果这个星系恰好位于一个前景天体的正后方，它就会在这个天体周围形成一个光环，称为爱因斯坦环。但是这种现象极其罕见，因此背景星系通常有一部分会出现在发生透镜效应的天体的某一侧。

这为精确测量星系团中暗物质的分布提供了理想的办法。"哈勃"的分辨率很高，有助于它在星系团中甄别出隐藏其间的非常微小的透镜效应。我们把它称为微引力透镜。在天文学家看来，按照引力透镜产生的多个图像推测暗物质的分布，这个过程就像是拼出一幅巨大的拼图。暗物质还能为更神秘的暗能量提供线索。

暗能量有一种空间特性，它会抵抗暗物质的吸引力，通过拉伸星系间的空间，把星系分开，抑制巨型星系团的形成。天文学家勘测了星系团中暗物质的分布，这才知道了这种古老的拉锯战。

星系团自从宇宙极早期就开始形成，但对于这样大尺度的结构演化，时间非常紧迫。因为宇宙膨胀得越大，星系间的空间就越大，暗能量就越强，所以，巨型星系团必须在大爆炸之后迅速把星系聚集到一起，否则我们如今就无法看到这么多的星系团了。

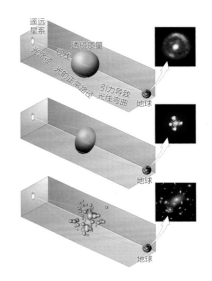

上图：引力透镜会根据产生透镜效应的天体的形状，形成不同的像。球形透镜形成的像是爱因斯坦环（顶图）；椭球形透镜形成的像是爱因斯坦十字（中图），会分裂成 4 个不同的像；如果透镜是星系团，如阿贝尔 2218，就会形成光弧（底图）。

对页：这是星系团阿贝尔 2744 的图像，其中蓝色表示暗物质的分布，红色表示高温的星系际气体。

星系团阿贝尔 2218

星系团阿贝尔 2218 的引力场就像一个巨大的透镜，放大了后方遥远星系的影像。这一透镜效应使遥远星系呈弯曲的弧线。

变焦透镜放大星系

　　最惊人的引力透镜案例当属星系团 RCS2 032727-132623 中近 90 度的光弧。2006 年，一队天文学家使用智利的甚大望远镜测量了这些光弧的距离，发现它们比所处的星系团还要远 3 倍。这道弧线是经过极度拉伸后形成的影像，拉伸光线的星系位于宇宙年龄为目前一半的地方。受引力透镜作用，这个星系看上去比之前发现的任何一个引力透镜效应下的星系还要大 20 倍，亮度也强许多倍。这是一个典型的引力透镜，星系扭曲的图像在前景星系团周围重复出现了许多次。天文学家把它所有的图像都仔细研究了一遍，随后重建了这个星系的模型。对于天文学家来说，确定这个星系真实样子的过程类似于拼拼图，要去除星系团引力所造成的扭曲。重建过程重点表现的是活跃的恒星形成区，它像圣诞树上的大灯泡一样闪闪发光，亮度远远超过我们银河系中的任何恒星形成区。

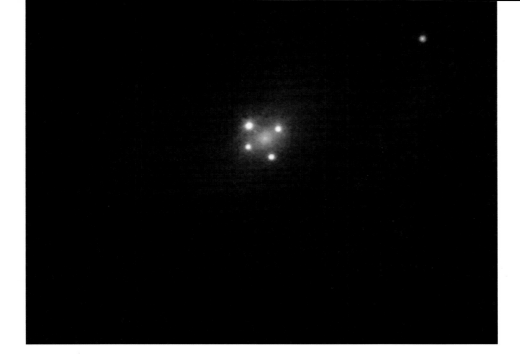

爱因斯坦十字（Einstein Cross）

"哈勃"拍摄的最早、最离奇的图像之一，便是所谓的"爱因斯坦十字"了。有的天文学家戏称它是外星人对着我们照射的巨大 LED 探照灯。这幅照片展示了一个极遥远的类星体的 4 个像，这是由于近距正常星系的引力透镜效应所造成的。这幅图像的中心就是引力透镜。我们所看到的只是这个较近星系的明亮核心。

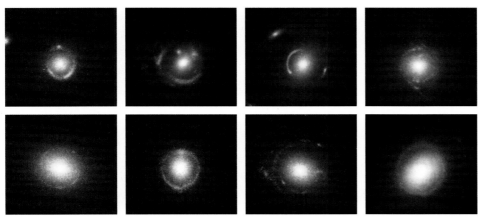

拥有爱因斯坦环的星系（Galaxies with Einstein Ring）

这一系列图像为我们呈现出与更为遥远的背景星系排成一线的前景星系，每个星系周围都产生了一个幻像光环。背景星系发出的光被弯曲的引力场扭曲成圆圈形，形成了这些环状结构。为了寻找类似这样的罕见的排列形式，斯隆数字巡天调查所检测了 20 亿～40 亿光年间的 200,000 个星系样本。选出来的这些星系的光谱颜色表明来自两个星系的光重叠在了一起。光谱分析表示前后两个星系到地球的距离相差 2 倍。后来"哈勃"对 16 个星系周围的环进行高分辨率观测，给出了其中部分结果。天文学家通过研究形成这些弧和环的空间弯曲程度，可以精确测量出前景星系的质量。

五星引力透镜（Five-Star Gravitational Lens）

　　一个类星体在引力透镜的作用下，产生了 5 个恒星状影像，就像夜空中的飞机编队。这个类星体是一个遥远星系的明亮核心。有一个黑洞吞食着气体和尘埃，产生辐射，驱动着这个类星体。这个类星体所发出的光经过一个大型前景星系团的引力场朝我们飞来。如图所示，光线被扭曲时空的透镜效应所弯曲，形成了 5 个不同的像。其中 4 个非常白（星系团核心上方 2 个，左右各 1 个），第 5 个类星体的像伪装成了大型星系团中明亮的黄色核心星系。星系团的引力透镜效应把其他遥远星系的影像扭曲成了弧形。这个星系团（编号 SDSS J1004+4112）是已知最遥远的星系团之一，位于 70 亿光年之外（红移 $z=0.68$）。这是人类首次拍摄到类星体因引力透镜而产生 5 个像。

201

马蹄铁透镜星系（Horseshoe Lens Galaxy）

　　一个蓝色的"马蹄铁"包围着一个年老的红色星系。这是一个近乎完美的爱因斯坦环，由 100 亿光年之外遥远的年轻的背景星系所产生。它和前景星系几乎完美地排成了一条线。不过，它还没有完美到能形成一个整环。引力透镜可以大大增亮那些"哈勃"原本看不到的遥远星系，放大它们的细节。

超星系团

　　这个大质量星系团中充满了遥远背景星系扭曲后的影像。如果这个星系团的引力仅来自其中可见的星系，而非暗物质，那么扭曲作用就会弱得多。扭曲的星系图像揭示，暗物质在星系团中的聚集程度高于我们之前的想象。这表明所有星系团可能都形成于 120 亿年前，那时暗能量还没强到可以抑制大型星系团的形成。

203

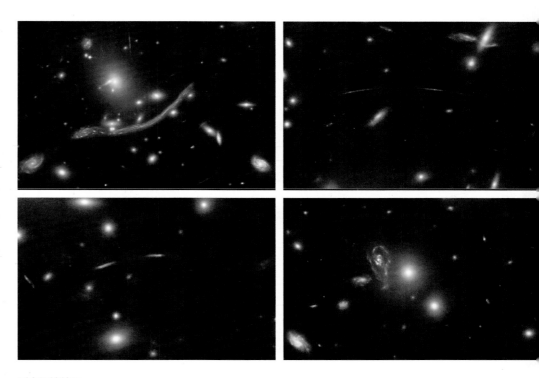

引力透镜特写

　　这 4 幅图像是星系团阿贝尔 370 的特写。星系团后方有大量星系的光弧、条纹和扭曲的像，这些都能证明其引力场的透镜效应。最引人注目的像是一个看起来像蛇头的星系（左上）。但这并不是一个真正的天体结构，它只是引力透镜扭曲而成的多个影像。位于右下角的旋涡星系通常是对称存在的，但是它所发出的光经过了弯曲的空间，被迫形成了扭曲的形状。右上方和左下方的图像中有光弧，这是典型的引力透镜效应，是正常星系发出的光被拉伸成了这些形状。

充满了光弧的巨星系团

　　"哈勃"的视力极其敏锐，能够观测到位于大质量前景星系团阿贝尔 1689 中的蛛网般的引力光弧。"哈勃"在这个星系团中所看到的光弧数目是地面望远镜的 10 倍。来自数十亿光年之外的几百个星系发出的光线，在引力的作用下弯曲成了细致优雅的红蓝双色弧线，散布在阿贝尔 1689 的黄白色星系之间。这个巨星系团所产生的引力透镜直径达 200 万光年，相当于银河系到仙女星系的距离。

令人眼花缭乱的暗物质图

对页：这是迄今为止制作最为精细的暗物质分布图。前景星系团中，暗物质所产生的引力透镜编织出了一张蛛网，充满了背景星系被拉伸出的同心光弧和扭曲的像。图中蓝色部分是伪彩色，用来表示星系团中暗物质的分布。星系团的中心充满了暗物质，具有惊人的成团性，那里的引力场也最为强大。大质量前景星系团位于 22 亿光年之外，背景星系则还要再远上几十亿光年。

受引力透镜效应影响的星系速览

"哈勃"编纂了一份星表，列出了遥远宇宙中 67 个受引力透镜效应影响的星系。这个数量是 1990 年"哈勃"发射前所知的数值的 5 倍。起透镜效应的前景星系有大质量椭圆星系，还有没有特征的盘星系。这些星系是天文学家用肉眼从 200 万个星系照片中挑选出来的。如果计算机能像人脑一样进行甄别的话，这个搜寻过程就可以自动化。据估计，全天大约有 50 万个引力透镜事件。

三维暗物质分布图

"哈勃"制作了一张宇宙中暗物质的三维分布图。这幅图证实，大部分用于形成星系的普通物质会沿着暗物质最密集的地方聚集。回到宇宙年龄为今天一半的地方，用这样的分布图就能显示随着引力坍缩，暗物质是如何逐渐成团的。为了制作这幅图，"哈勃"对比月球大 9 倍的天区进行巡天。"哈勃"绘制了 575 幅引力透镜效应图像，这才能反映出暗物质的大尺度结构。

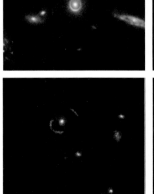

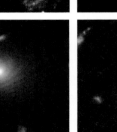

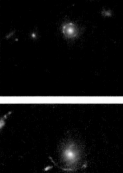

超星系团中的暗物质分布图

　　这是一幅合成图，由超星系团阿贝尔 901/902 的可见光图像（欧洲南方天文台拍摄于智利的拉西亚天文台）和按照"哈勃"的观测结果所推算出的暗物质分布图合并而成。图中暗红色表示暗物质的位置和密度。这张合成图像清晰地显示，暗物质的成团性与星系最密集的成团性相一致。天文学家通过分析引力透镜效应，推测出暗物质的位置。在此过程中，阿贝尔 901/902 超星系团中的物质扭曲了它后方 60,000 多个星系所发出的光。科学家通过观测这些星系形状的细微变化，就能绘制出这个超星系团中暗物质的分布。

暗物质环

　　不到 20 亿年前，两个大质量星系团发生剧烈碰撞，产生了一个幽灵般的环。这是证明暗物质存在的最强的观测证据之一。但我们在这里所看到的环并非是暗物质的图像，而是根据引力透镜反演出的暗物质在空间的分布图。

　　这个暗物质环的结构非常特殊，在以往的任何星系团中都从未见过。它并非只由高温气体所产生。这个环的直径达 260 万光年，已经超过了银河系到仙女星系的距离。它完美地彰显了暗物质有别于普通物质的行为。其惊人之处在于，这些神秘物质中存在涟漪，类似于风吹过池塘表面所产生的波纹。水波荡漾，池塘底部的鹅卵石看起来也像改变了形状似的。正是由于这个高密度环的存在，后方背景星系的形状也会随着时间发生缓慢的变化。

　　我们看到的是星系团的迎面碰撞，因此这个暗物质结构看上去呈环形。计算机模拟星系团碰撞，可以解释涟漪的发生。两个星系团相撞时，暗物质会落向二者的共同中心，然后向外飞溅。暗物质向外运动时，引力会让它们减速，逐渐堆积。

星系团碰撞

这一巨大星系团间的碰撞为区分暗物质和普通物质提供了另一条观测证据。两个大型星系团在数千万光年尺度上发生碰撞，形成了星系团 MACS J0025.4-1222。这场碰撞是宇宙中最剧烈的事件。

"哈勃"的图像可用来勘测暗物质的分布，钱德拉 X 射线天文台的图像则显示了以等离子体的形式出现的高温普通物质。图中粉色标记的是高温气体，暗蓝色标记的是暗物质。两个星系团以数百万千米的时速并合时，星系很少会发生直接碰撞，但星系团中的高温气体（粉色）会碰撞并减速。然而，暗物质（蓝色）可以不受影响地穿过一切。图中两团暗物质的间距表明，就算暗物质粒子间存在相互作用，强度也非常微弱。

暗物质核心

为了把至少 3 个巨型星系团碰撞的产物区分开，天文学家制作了这幅看上去过于艳丽的图像。在星系碰撞的自然彩色图像上叠加的是伪彩色，色彩强度显示了在所产生的巨大星系团中星光（由加拿大 - 法国 - 夏威夷望远镜观测获取）、高温气体和暗物质的密度。星系所发出的光用橙色表示，美国国家航天局钱德拉 X 射线天文台探测到的高温气体用绿色表示。这些气体是碰撞的证据。蓝色的区域代表该星系团中质量最大的地方，暗物质占主导地位。暗物质分布图由"哈勃"上的大视场相机和行星相机 2 的观测结果推测得到。图像中央的蓝绿色混合处表示大多数高温气体附近的暗物质团块，那里很少会有可见星系。这一发现证实了之前对星系团中暗物质核心的观测。不过，令人困惑的是，暗物质和星系间发生了或多或少的分离，偏离了碰撞的中心。这些结果对暗物质的基本理论发起挑战，人们原本认为这种看不见的物质和星系是绑定在一起的，即使在碰撞中也不会分离。

第八章　星群帝国

　　星系是宇宙中宏伟的城邦。天文学家估计，宇宙的已知空间内至少存在1千亿个星系。然而，不到1个世纪前，天文学家却只知道一个星系：我们的银河系。那时，人们曾认为银河系即整个可观测宇宙。

　　从银盘向下望去，可以看到一张壮观的宇宙织锦。这种鸟瞰的视野有助于我们看到沿着银河系旋臂分布的明亮恒星带，而太阳就位于猎户臂的边缘附近。

　　纵观雄伟的银盘，我们会看到，各个方向上都充满了尘埃、明亮的恒星以及正在产生新恒星的发光星云。就像飞过大城市的夜晚，看见街道延伸开来，消失在目光的尽头。银河系明亮的中心吸引着我们的注意。球状星团像无言的哨兵，漂浮在银心上方。每个星团都至少拥有100,000颗恒星，像一个个闪闪发光的珠宝盒。它们神秘、宏大又古老，是银河系的第一代开拓者，里面含有宇宙中最老的恒星。

　　然而，这幅看似安宁的画面却很有欺骗性。要是把数十亿年的时间压缩到几分钟，像延时电影那样，就会看到一个完全不同的星系：喷发、爆炸的恒星、新星和超新星，如同烟火表演的礼花弹，此起彼伏。燃烧殆尽的类太阳恒星也会更频繁地抛射出多泡的发光气体条，就像一场摇滚音乐会，到处都是明亮的闪光灯。

　　在几百万年的时间里，黑色的分子云会撞击进入旋臂的前边缘，几经挤压，形成新一代的恒星。气泡在星云边缘产生，渐渐形成新的恒星和粉色的发光气体。沿着旋臂的后边缘，明亮的年轻星团也会孕育而生。

　　环绕银河系中心运动的还有球状星团。有些会穿过银盘，被那里的引潮力瓦解些许。与此同时，银河系中心的巨型黑洞会吞食恒星，闪闪发光。

太空地标

　　20世纪20年代，埃德温·哈勃（Edwin Hubble）发现河外星系，天文学家由此踏上了理解宇宙起源与演化的道路。星系不仅是漂浮在宇宙中的恒星岛屿，还是太空的地标。星系与我们的相对运动（也由哈勃发现）证明，宇宙空间如同橡皮带子一样膨胀又拉伸。

　　哈勃空间望远镜为我们展现了一个永不停息的宇宙，随着时间变化，星系之间也会发生相互作用。就像生物演化一样，星系演化的证据也层出不穷。"哈勃"的深空图像拍摄出狂野的宇宙。那里的星系都不太大，没有普遍的旋涡或者椭圆形状，它们频繁地碰撞、并合。我们自己的银河系构建了数十亿年，靠强大的引力场俘获、消化了许多比银河系小得多的星系。

对页：星系团阿贝尔S0740距离我们大约4.5亿光年。从这幅全家福中可以看出宇宙中星系的多样性。其中最大的是巨椭圆星系ESO 325-G004，它会吞食同类星系，可能正因如此，依靠强大的引力吸引吞食更小的星系，才能变成现在这样大。全家福中点缀着各种各样的旋涡星系，如右下角的星系拥有宏象旋涡结构。图片后场背景中充满了更遥远的星系。

近 2 个世纪以来，庄严的涡状星系（M51）一直吸引着天文学家。它两条宏伟的旋臂就是造星工厂，压缩氢气，制造新的星团。涡状星系的恒星生产线始于旋臂内边缘的暗气体云，然后是亮粉色的恒星形成区，最终止于旋臂外边缘明亮的蓝色星团。1845 年，使用当时世界上最大的望远镜，爱尔兰贵族和天文学家罗斯勋爵（Lord Rosse）首次描绘出这个星系极富特征的漩涡形状。他猜测，漩涡星云中应该包含着许多恒星，但绝大多数望远镜无法将它们一个个分辨出来。后来证明他的猜测完全正确。

215

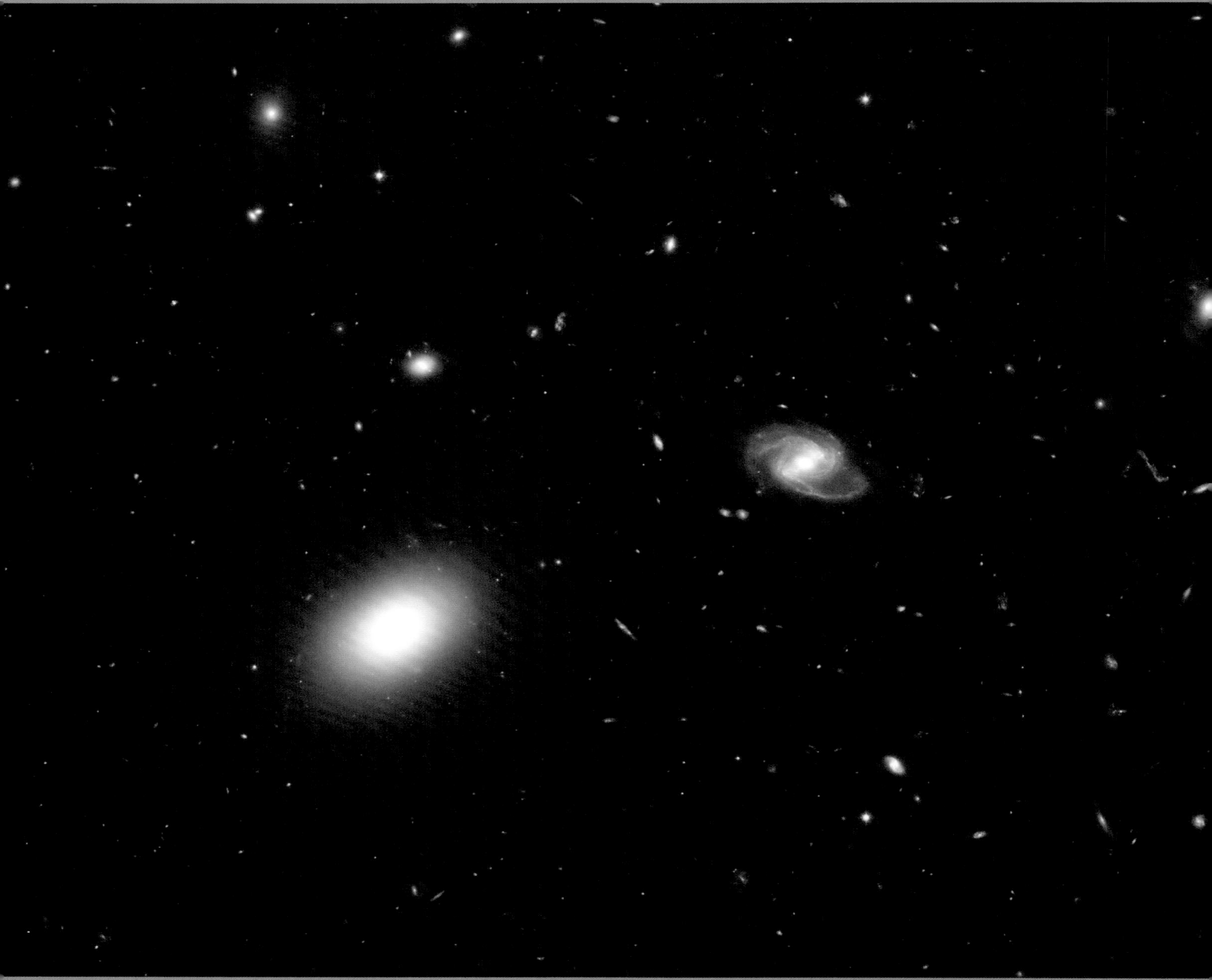

没有两片完全相同的雪花，同样，也没有两个完全一样的星系。不过其中的基本物理学规律却如出一辙。"哈勃"对宏伟成熟星系的观测编织出了一幅奇幻宇宙的织锦画作。

星系用它内在的宏大向我们呈现出宇宙的广袤，令人惊叹不已。如果说我们的银河系很典型，那么在整个宇宙中大概会散落着 100 亿亿亿颗行星。如果除了地球之外再无宜居行星，那实在是，像 19 世纪中叶苏格兰散文家托马斯·卡莱尔（Thomas Carlyle）所说的，真是遗憾，太"浪费空间"了。"但它们要是都宜居，"他继续写道，"那也未免悲惨又荒唐。"

星系全景

（接以下 10 页）

把后面几页书展开，就像打开了一扇走近宇宙星系的窗户，可以说，这是迄今为止哈勃空间望远镜送给我们最棒的礼物。图像展示了数千个星系，覆盖宇宙大部分历史时期。前景是距离我们最近的星系，它们的光发射于约 10 亿年前。图中最遥远的星系，即一些非常暗弱的红色斑点，则是它们 130 多亿年前的样子。图像覆盖的波段很广，从紫外到可见光、近红外。此前，从未有过这样集颜色、清晰度、精度和深度于一身的合成图像，这是天文学家第一次从合成图像中看到这么多宇宙深处的细节。从全景图中可以看出，随着时间向更早期推移，星系吸积、碰撞、并合，不断生长，形状也逐渐变得杂乱无章：从前景中成熟的椭圆和旋涡星系，到背景中更小、更暗、形状也更不规则的早期星系。我们认为，这些较小的星系是如今所见大型星系的结构单元。

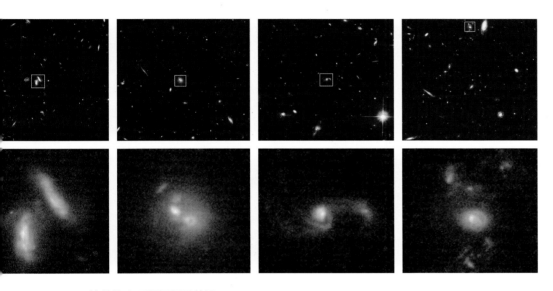

这些放大了遥远星系的图像告诉我们，早期宇宙中的星系要比如今所见的还要奇形怪状。"哈勃"深度巡天获取的不少"变态"星系的样本均可以证明，80 亿～90 亿年前，星系间碰撞是极其普遍的事情。

第 220 页 第 221 页

第 222 页 第 223 页

218

第 224 页　第 225 页

第 226 页　第 227 页

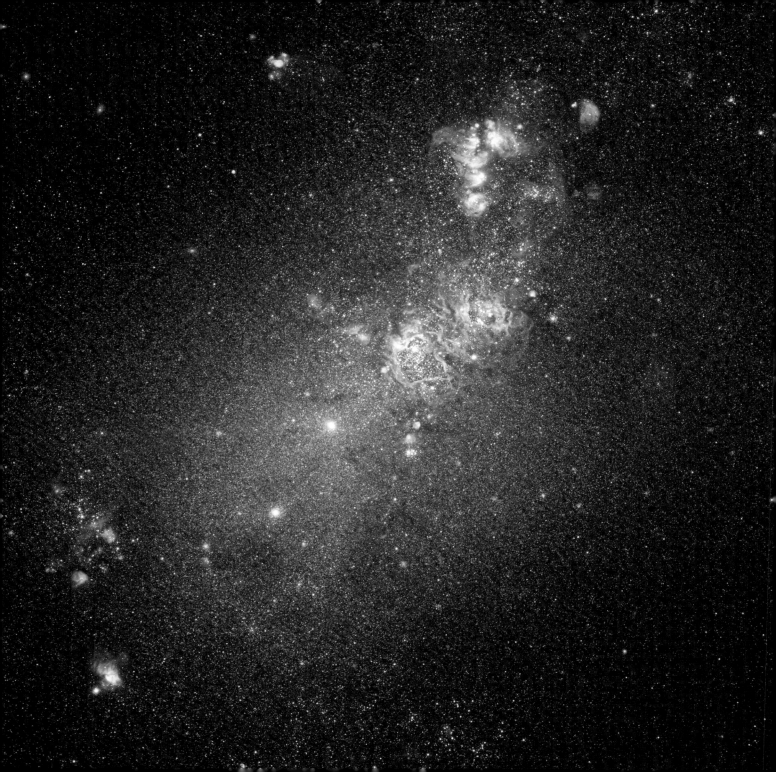

矮星系 NGC4214

位于猎犬座的矮星系 NGC4214 是一个气泡状的恒星集合体，其中充满气体云和新生恒星。考虑到它离我们如此之近（仅 1,000 万光年），"哈勃"又有着如此敏锐的视觉，NGC4214 自然就成了研究恒星形成和演化的理想实验室。早期宇宙中刚刚开始构建星系时，这类天体就已是无数年轻星系的原型，但 NGC4214 相对而言有些晚熟。它在星系际空间潜伏了数十亿年，直到现在才开始制造恒星。其中，爆炸的恒星和星风开凿出巨大的泡状结构，将发光的原初氢雕刻成细丝。明亮年老的红超巨星和高温年轻的蓝色恒星充满整幅图像，赋予它非比寻常的颗粒感。

再生星系

不规则矮星系 I 兹威基 18（I Zwicky 18）中心有两个蓝白色的亮结，这是两个大型星暴区，正在大规模产星。因此，I 兹威基 18 看起来非常年轻，类似于仅存在于早期宇宙中的典型星系。然而，"哈勃"在这个星系中也观测到了暗弱年老的恒星，说明它与其他大多数星系同时形成，只不过在过去 5 亿年里经历了剧烈的恒星形成过程罢了。

NGC6384

　　在这个宁静的中年星系中，恒星形成率已经开始下降。值得注意的是，能够诞出新生恒星的粉色星云不见了。来自超高温年轻蓝色恒星的辐射和星风清除了残余气体，关停了进一步的产星过程。这个星系的中心是一个明亮的区域。在白色中年恒星的映衬下，螺旋向外延伸的尘埃带清晰可见。它的旋臂上则分布着更年轻的蓝色恒星。

M74

　　宏象旋涡星系 M74 有着完美的对称旋臂，其间还点缀着明亮的年轻蓝色星团和粉色的恒星形成区。这些旋臂在收紧还是松开？都不是。旋臂是由密度波引发的恒星形成区。因此，旋涡星系在很长的时间里看上去都很稳定。M74 距离我们约 3,200 万光年。

草帽星系（Sombrero Galaxy）

　　M104 是一个经典的草帽星系，近乎完全侧立，它的球状核心由年老恒星组成，四周包裹着厚实的尘埃带。M104 直径 50,000 光年，略大于银河系直径的一半，距离我们 2,800 万光年。

NGC5866

　　这幅图很有趣，它说明旋涡星系其实就是薄烤饼状的扁平恒星盘。NGC5866 星系倾斜竖立，几乎完全侧对着我们，有一条像剃刀一样锋利的尘埃带将它明显地一分为二。这幅"哈勃"图像展示了整个星系的结构：淡淡的红色核球包裹着明亮的核心，与尘埃带平行的蓝色恒星盘，还有一层透明的外晕。NGC5866 的直径约为银河系的三分之二。

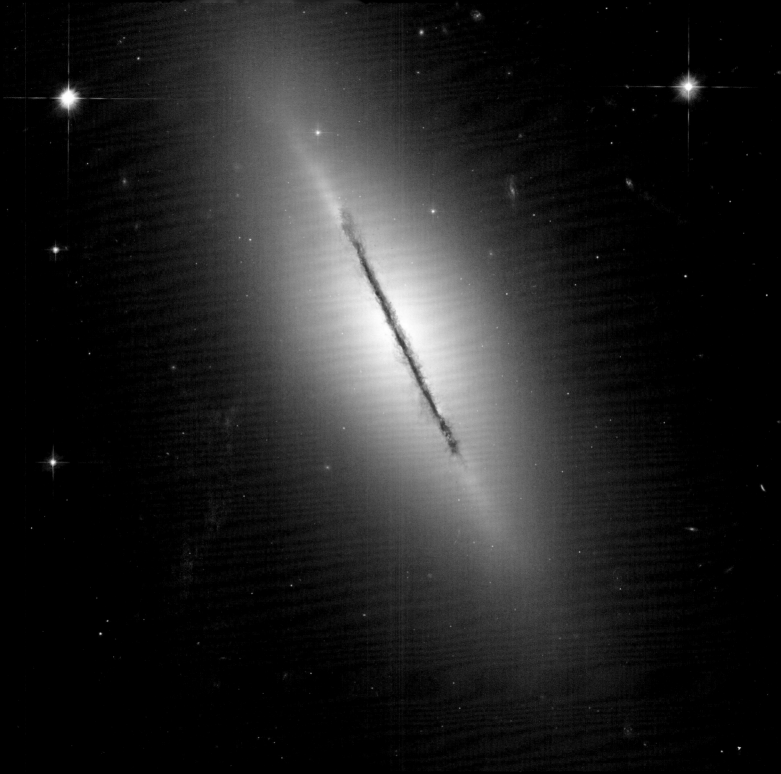

M101

M101 昵称为风车星系（Pinwheel Galaxy），直径接近银河系的 2 倍。这个庞大的星系拥有 1 万亿颗恒星，其中至少有 1 千亿颗类太阳恒星，温度和寿命与太阳类似，此外可能还有 10 万亿多颗的行星。M101 的星系盘又薄又透，"哈勃"可以轻易地透过它看到后面更远的星系。风车星系距离我们 2,500 万光年，因此我们所看到的它发出的光始于中新世，当时哺乳动物繁盛，乳齿象首次在地球上出现。

M64

M64 又称为黑眼星系（Black Eye Galaxy），原因不言自明。它形成于约 10 亿年前两个星系的碰撞。独特的黑色消光尘埃带由两个沿相反方向转动的气体和尘埃盘碰撞形成。图片剪切区域中，转动的气体会发生碰撞挤压，导致恒星大规模形成。

NGC1672

　　从这个棒旋星系的核心径直伸出了两条尘埃带，紧接着是星系旋臂的内边缘。外层是精致的尘埃幕，让整个星系看起来神秘不已。尘埃散射蓝光，红化了星系中的恒星和后方星系所发出的光，导致有些后方的星系看上去都像镶嵌在 NGC1672 巨大的星系盘中一样，形成视觉误差。实际上那些星系十分遥远。银河系中有些明亮的前景恒星看上去仿佛 NGC1672 所佩戴的耀眼钻石，但这些恒星的距离与后方 6,500 万光年以外的星系比起来简直微不足道。

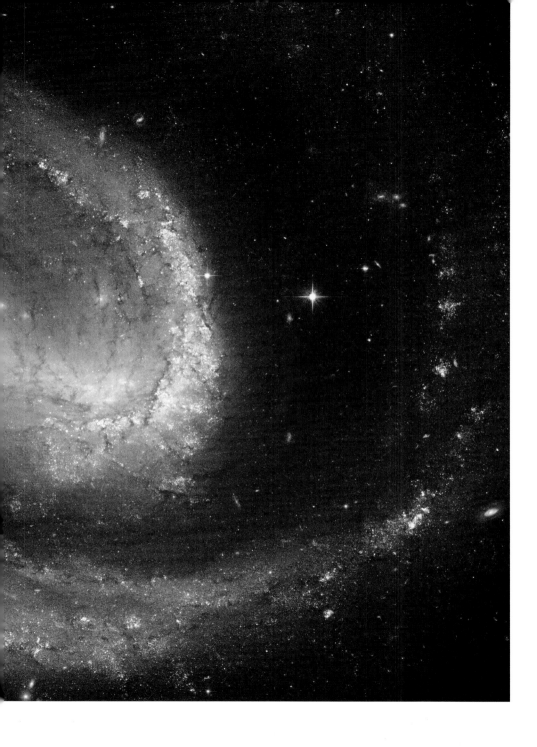

NGC1300

　　这个醒目的星系是一个非常标准的棒旋星系。这类星系有别于普通的旋涡星系，它们的旋臂并不延伸到星系的中心。相反，旋臂连接在穿过星系核心的一个棒状结构的两端。旋臂上可以看到蓝色和红色的超巨星、星团以及恒星形成区。尘埃带则勾勒出了星系盘和旋棒的细微结构。在背景中可以看到许多更为遥远的星系。NGC1300 直径约 115,000 光年，距离地球 7,000 万光年。

NGC1132

椭圆星系 NGC1132 展现出这类星系典型的恒星平滑分布。显然，它没有蓝色恒星、发光星云，也没有尘埃。巨椭圆星系可能是两个或多个旋涡星系并合的结果。碰撞发生后，恒星剧烈形成，最终驱散形成下一代恒星所需的气体和尘埃。

ESO 510-G13

这个奇特扭曲的侧向星系宛如一张甩到空中的披萨饼胚。这种扭曲的状态足以证明，它与较小星系会密近相交。引力把它的盘扭结成了薯片的形状。最终，扰动消散，ESO 510-G13 会再一次回归普通星系的样貌。

NGC634

这是一幅宏伟旋涡星系的倾斜图像，从中可以看到横贯的恒星带。恒星带有着显著的波纹结构，就像石头扔进池塘激起的水波。

NGC1569

　　单凭尺寸无法确定星系的活跃程度。这个微小的近距矮星系以惊人的速度制造着恒星，几百万颗新生恒星和年轻恒星闪闪发光，光度比我们在银河系内所观测的大 100 倍。这场恒星烟火自 1 亿年前点燃，随着超新星爆发挤压其周围的气体云，传遍了整个星系。星系中心是 3 个巨大的星团，每个星团中都含有 100 多万颗恒星。

NGC4911

　　这个巨大的风车状星系靠近后发星系团的中心，也就是宇宙中距离我们最近的星系团之一。受到近邻星系的引力牵拉，稀疏的外层旋臂延伸到远处，无法触及富含气体和恒星的内侧旋臂。

碰撞星系

半人马 A

　　对页：半人马 A 上凌驾着一条可怖的尘埃带，这表明，这个巨椭圆星系曾经吞食了一个较小的伴星系。"哈勃"捕捉到了年轻蓝色星团所发出的明亮光芒，它独特的红外视力还可深入常年尘埃遮蔽的区域。半人马 A 曾与另一个星系碰撞并合，导致它里面的气体和尘埃盘形状扭曲。由此产生的激波会挤压氢气云，引发新一波的恒星诞生。半人马 A 仅在 1,100 万光年之外，是距离地球最近的活动星系核。星系中央有一个超大质量的黑洞，会向太空高速喷射气体。上图是地面大型望远镜所拍摄的图像，从中我们可以看到这个星系在大视场下的全貌。

希克森致密群 31（Hickson Compact Group 31）

这个星系群里含有许多古老扭曲的星系，而它此时正在演变成大型椭圆星系。星系间密近交会，把氢气挤进星系内部，使之坍缩形成恒星。整个系统因恒星诞生而闪闪发光。这四个小型星系彼此十分紧密，间距不到 75,000 光年。这是近距离宇宙中的一例罕见样本，天文学家认为，这种现象在遥远的宇宙中随处可见。

环状星系（Ring Galaxy）

　　这个不同寻常的蓝色恒星环叫作 AM 0644-741，直径 150,000 光年，比我们的银河系还要大。它属于环状星系，向我们展示了星系碰撞会以怎样惊人的方式改变星系结构。入侵的星系钻过另一星系的盘状结构会形成一个恒星环。这种碰撞会使引力突变，急剧改变恒星和气体的轨道，让它们向外运动。这一效应有点像往池塘里投掷石块，溅起水波。随着恒星环的"海啸"向外扩散，气体云会相互碰撞压缩。星云在自身引力的作用下收缩，进而形成大量新生恒星。这个环状星系距离我们约 3 亿光年。

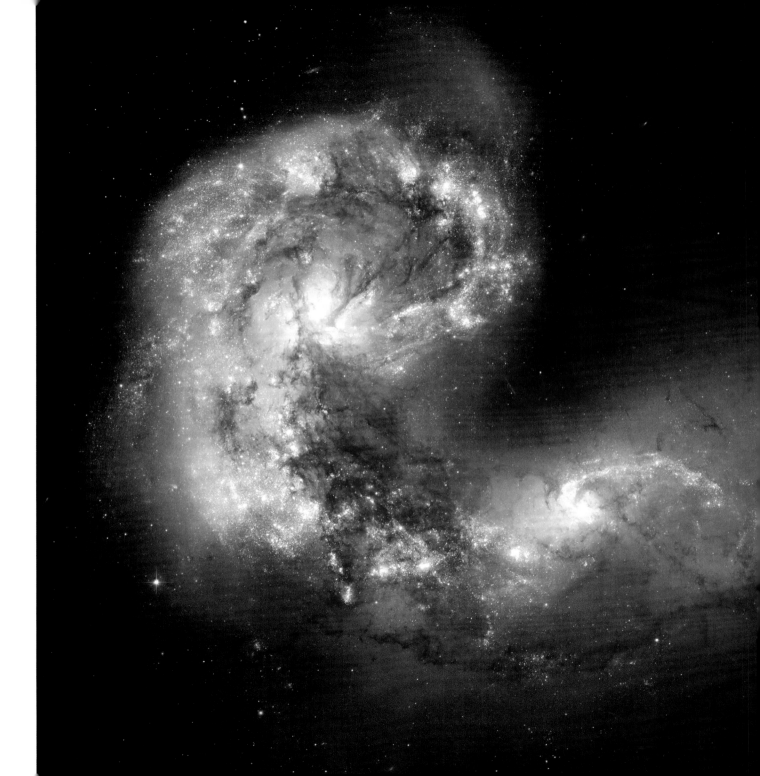

触须星系（Antennae Galaxy）

　　这两条触须是两个大小相似的星系发生碰撞所产生的，在此过程中会形成数十亿颗恒星。早在几亿年前，这两个旋涡星系就已开始发生相互作用。左侧哈勃空间望远镜的图像中，暗弱天体里有一半是此次碰撞中所形成的年轻星团。图像中心左侧和右侧的两个橙色亮斑是之前两个星系的核心，主要含有年老恒星，一道尘埃条贯穿其中。恒星形成区中最明亮、最致密的部分称为"超星团"，与银河系中任何天体都大不相同。只有大约 100 个质量最大的星团会幸存下来，进而形成类似于银河系中常规的球状星团。上图是地面望远镜所拍摄的大视场图像，其中我们看到的"触须"是因碰撞而抛射出的气体和尘埃。

蝌蚪星系（Tadpole Galaxy）

在无数背景星系的映衬之下，这个外形奇特的星系拖着一条由恒星和气体组成的长尾巴，就像在太空中疾驰的风火轮。它就是 UGC 10214，上部蓝色致密星系产生潮汐作用，形状发生改变，相互作用产生了强引力，生出这条长尾巴，因此又称它为蝌蚪星系。"尾巴"延伸了280,000 多光年，是银河系直径的 2 倍还要大。

双鼠星系（Mice Galaxy）

恒星和气体构成了长长的尾巴，这两个碰撞星系由此得名"双鼠星系"。最终，它们会并合成一个巨椭圆星系。引力相互作用产生潮汐力，触发形成恒星，因此我们可以从星系左侧能看到由无数高温年轻蓝色恒星所组成的星团。此外，我们还能看到在两个星系间流动的物质。双鼠星系距离我们3亿光年。

NGC2207 和 IC2163

　　两个旋涡星系相互交会，打造出了这副如猫头鹰双眼般的怪诞形象。NGC2207（左侧较大星系）的强大潮汐力拉扯着它较小的伴星系（IC2163）。如同所有典型的相互作用星系，恒星和气体会甩入长达 100,000 光年的星流之中。4,000 万年前，这两个星系之间距离最近。不过未来的某一天，IC2163 仍会被拉回来，撞入 NGC2207。二者最终或许会并合成为一个椭圆星系。

极环星系（Polar Ring Galaxy）

　　目前宇宙中已知的极环星系只有100个。对于这个极环星系来说，星系碰撞后在其中心形成了一个旋转黄色内盘，由年老红色恒星构成。两个星系碰撞时，较小星系中的气体会被剥离开，然后被较大的（垂直）星系俘获，形成一个环绕着内部星系的环状结构。整个环几乎与年老的内盘相垂直，由尘埃、气体和恒星所组成。虽然天文学家用"碰撞"这个词来描述类似这样（及对页）的星系间相互作用，但其实星系中恒星发生直接碰撞的情况极为罕见。对于典型星系来说，恒星间的平均距离相当于两个高尔夫球分别散落在波士顿和纽约的高尔夫球场中。

ARP 273

两个星系密近交会，产生引力潮汐扭曲，上演了这场宇宙华尔兹。它们之间虽然相隔数万光年，却有一座巨大的潮汐物质桥连接彼此。横贯顶部的蓝色长条汇集了来自明亮、高温、年轻的蓝色星团所发出的光。伴星系相对较小，几乎侧立。或许由于两星系相互作用，在伴星系的核心处触发了剧烈的恒星形成。最终，两星系会更加靠近彼此，甚至并合。

NGC1316

数十亿年前，一个椭圆星系和至少一个旋涡星系剧烈碰撞，产生了这样复杂的尘埃圈和尘埃瓣。同时形成的星系内部还有错综复杂的尘埃条带系统，可能是较小星系的残骸。

ARP 87

　　在潮汐力的拉扯下，右侧星系中淌出一道透明的恒星气体尘埃流，形成一条旋臂，缠绕着侧立的旋涡伴星系。那些螺丝锥形的物质就是较大星系中的部分恒星和气体，已被较小星系所俘获。

斯蒂芬五重星系（Stephan's Quintet）

　　斯蒂芬五重星系是最有代表性的相互作用星系。其中三个的形状已发生了扭曲，旋臂拉得老长，还有夹杂着无数星团的气体长尾。这些星系间的相互作用引发了剧烈的恒星形成，图中正上方那两个相互缠绕的星系，就在上演着这个过程。五重星系的成员星系远在 2.9 亿光年之外。左下角的星系位于前景之中，距离地球 4,000 万光年，不属于该星系群。

碰撞星系

NGC5775

    NGC5775 是一个侧向星系，它的恒星形成区在氢所发出的红光的映衬下闪耀着强光。此时，NGC5775 正径直撞向图像之外的另一个星系，整个过程还需要几亿年的时间。看似动荡不已，实际上在富含2,000 多个星系的室女星系团中十分普遍。

一次剧烈碰撞的遗迹

　　两个银河系大小的旋涡星系历时 10 亿年终于发生了碰撞，这是一次仔细观测碰撞结果的好机会。在引力的潮汐作用下，两星系相互拉伸，被撕扯开，物质在公共中心周围发生变形和扭曲。恒星受到散射进入随机轨道，安居在新的椭圆星系中。一些遗留下来的尘埃带似有似无地遮挡了这个星系的蓝色内核，不过随着时间的流逝，它们也会逐渐消失。

碰撞星系

M82

　　这个近乎侧向的旋涡星系的核心好像在爆炸。其实，只是恒星在爆发式形成，把氢从星系盘中驱散出去。这场剧烈的活动始于大约 1 亿年前，可能是 M82 从毗邻的旋涡星系 M81 近处掠过的结果。

第九章　近邻行星

　　哈勃空间望远镜的主要任务是探测宇宙深处的世界，但这并不妨碍它为太阳系中的其他行星拍摄精致清晰的影像。

　　1610 年 1 月 7 日，伽利略（Galileo）把他新造的望远镜对准木星，立即看到了木星的圆面，发现它不像恒星那样，只是个光点。从那之后的几个晚上，伽利略连续观测，发现木星旁边有些微小的恒星状天体，每晚都会改变位置。他很快意识到，这些天体是围绕木星转动的卫星，就像月亮绕地球转动一样，只不过木卫共有 4 个。

　　不仅如此，伽利略还发现了金星的盈亏，看到了月亮上的山脉和平原，还有银河中无数的星星。这些发现改变了人类对宇宙的认识，宇宙不再是谜一样的神奇之地，而是与地球相伴的真实世界。这是人类首次用望远镜探索宇宙，影响深远。望远镜发展至今，硕果累累，其中，"哈勃"被誉为自 4 个世纪前伽利略发明望远镜以来最重要的成果。

　　1946 年，天文学家莱曼·斯皮策（Lyman Spitzer）首次详细指出，把大望远镜送到地球大气层之上，可以防止天文观测受到干扰。斯皮策指出，第二次世界大战中，火箭技术的进步，让太空探索的梦想从科幻变成了现实，让大型望远镜进入太空成为可能。

　　这一切进行得很快。从 1957 年 10 月，第一颗人造卫星进入地球轨道，到 1969 年 7 月，第一名宇航员踏上月球，仅用了 12 年。此后，20 世纪 70 年代，空间望远镜的设计进一步细化，从最初口径 3 米的主镜减小到了最终的 2.4 米。20 世纪 80 年代制造出实物，1990 年由"发现"号航天器发射升空。同时期也首度开启了对太阳系行星的无人探测。到 1986 年，探测器已近距离飞掠探测过所有大行星——水星、金星、火星、木星、土星、天王星和海王星，共七颗。

　　然而，飞掠只能完成极为短暂的行星探测。同时，外行星又受大气湍动和季节改变的影响，不断变化。这种探测未免潦草。幸好有"哈勃"，它详细记录下这些行星的大气在二十多年里发生的种种出人意料的变迁。

　　例如，1994 年，"哈勃"刚刚恢复视力不久，就为天文学家带来了目睹千年奇观的好机会：多块彗星碎片撞击木星。如果没有"哈勃"，天文学家就会错过这场为期大约一周的太空大戏。

　　如今，不论是大型沙尘暴席卷火星，还是彗星撞击木星，抑或是风云突变打破了土星宁静的大气，科学家都会命令"哈勃"去一探究竟，与无人探测器大军完美互补。

2007 年 4 月 9 日，哈勃空间望远镜拍摄到了在玩躲猫猫的木卫三。它是木星中最大的卫星，直径约为三分之一地球直径。当时，木卫三正要闪避到木星后方。大视场相机和行星相机 2 使用红色、绿色和蓝色滤光片，拍摄了 3 幅图像，综合生成了这幅独特的彩色图像。

2009 年 7 月 23 日

2010 年 6 月 7 日

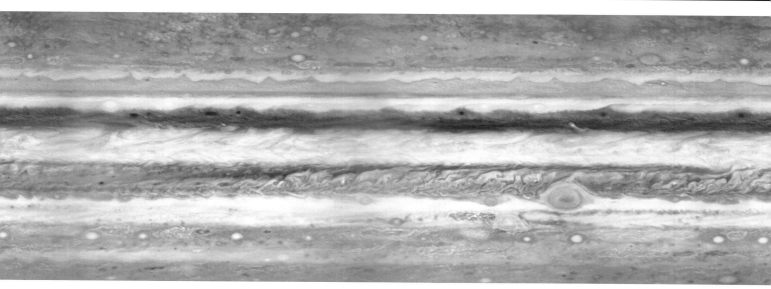

木星条纹

　　自 17 世纪中叶以来，天文学家绘制了许多木星表面的素描图，都能见到上面的两条主云带，与最左侧的"哈勃"图像类似。不过，每个世纪总会有那么几次，木星的南部云带会消失一两年，正如 2010 年的图像所示（左侧）。木星的整个可见表面上布满云和霾，颜色却各不相同，因为木星大气以氢为主，但其中硫和氨含量有所不同。木星快速自转，根据高度和成分把这些云分成不同的带。2010 年云带消失，又在 2011 年再次出现。云带的宽度是地球直径的 2 倍，长度是地球直径的 20 倍。然而，是什么导致云带偶然消失，内部机制目前仍然未知。

勘测木星云带

　　设想一下，像剥桔子一样把木星大气"表皮"剥下来，然后压平，就会得到类似于左侧墨卡托投影一样的效果。把多张"哈勃"拍摄的木星图像展平，就制作出了这幅可以看到木星全貌的图像。

木星大红斑

　　17 世纪，天文学家第一次把望远镜对准木星，在它表面上发现了一个显眼的红色椭圆形斑。直到 300 多年后的今天，这个大红斑仍然还在木星的大气中。如今我们知道，这个结构是一个巨大的风暴，会像飓风一样转动，风速可达大约每小时 400 千米。作为太阳系中最大的风暴，大红斑直径 25,000 千米，差不多是整个地球的 2 倍。如"哈勃"的图像所示，大红斑的形状和强度会随着时间而改变。

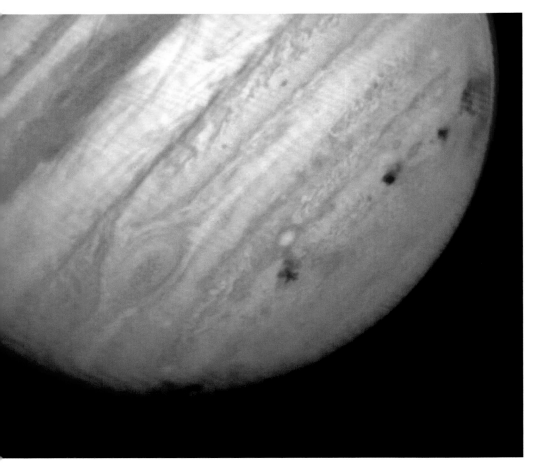

木星卫星上的火山

　　1996 年 7 月，木星最内侧的卫星木卫一从木星（蓝色背景）前方经过。当时，"哈勃"拍摄到了它上面的火山所喷发出的羽状物，高达 400 千米，由气体和尘埃组成（该卫星左侧模糊的橙色光斑）。木卫一是太阳系中已知火山活动最剧烈的天体。物质必须以超过每小时 3,000 千米的速度从火山口喷射出去，才能形成这种大小的喷发云。木卫一火山喷发出的气体和尘埃可以高达数百千米。此处所见的喷发来自佩尔（Pele）火山，它是木卫一上活动最剧烈的火山之一。

舒梅克 - 列维 9 号（Shoemaker-Levy 9）彗星撞击木星

　　1994 年 7 月 16—22 日，舒梅克 - 列维 9 号彗星的 20 块碎片撞上了木星。撞击引发了巨大的爆炸，在木星上留下了黑色疤痕，连续数周都能被天文爱好者用望远镜观测到。对于这些百年难得一见的景象，哈勃空间望远镜的视角堪称最佳（上图和右图）。

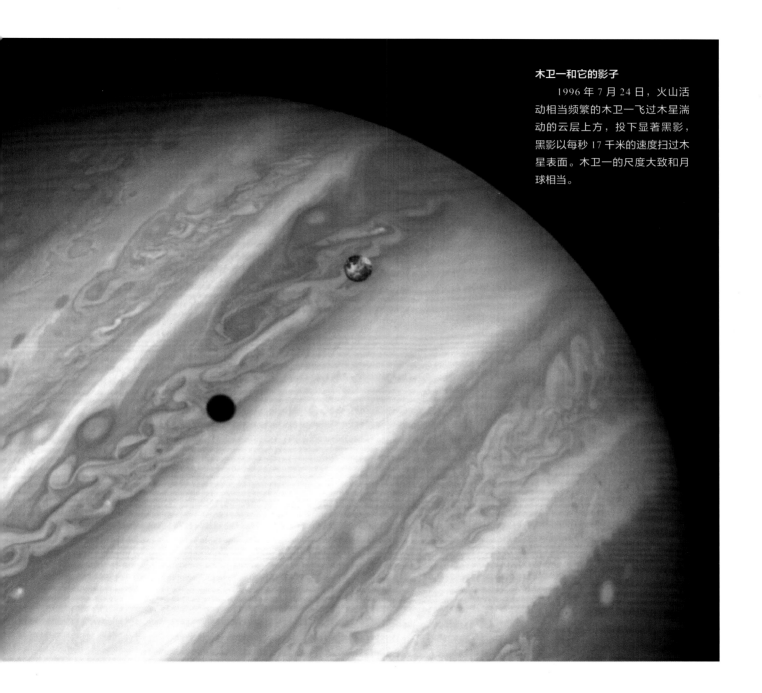

木卫一和它的影子

　　1996 年 7 月 24 日，火山活动相当频繁的木卫一飞过木星湍动的云层上方，投下显著黑影，黑影以每秒 17 千米的速度扫过木星表面。木卫一的尺度大致和月球相当。

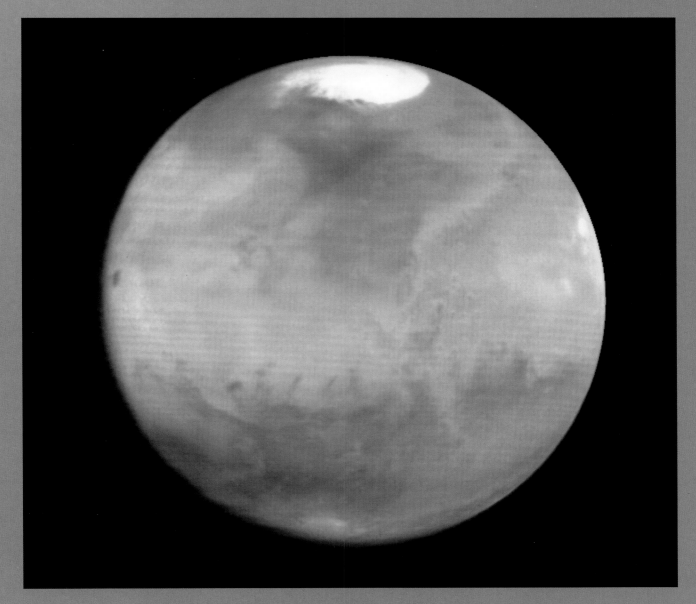

"哈勃"拍摄的火星

    对页是 2003 年 8 月"哈勃"拍摄的图像。图中可见，火星的南极极冠非常明显，当时正值 60,000 多年来火星距离地球最近的时候。虽然火星极冠由水冰和封冻的二氧化碳组成，但在火星表面，水并不以液态的形式存在，火星也因此成了极为干燥的星球。在上方"哈勃"所拍摄的图像中，火星北极的极冠和稀薄的水冰晶云都清晰可见。红色的区域是细沙组成的沙漠；深色的区域则含有更多碎石。

最像地球的行星

19 世纪末，望远镜已经十分强大，足以揭示出火星上类似地球的特征：沙漠，随着火星季节改变的暗黑区域以及冬季增大、夏季收缩的极冠。火星上偶尔会出现云，也偶尔会被沙尘暴席卷。这激发了长达半个多世纪的争论，争论火星上是否可能存在高等生命形式。然而，第一批空间探测器飞掠火星时，发现它更像月球而非地球，这一争论最终归于平静。

收缩的火星极冠

这一图像由"哈勃"分别于1996 年 10 月、1997 年 1 月和 3月拍摄的图像拼合而成，投影后看上去如同从火星北极上方往下望去的视角。这幅图像拍摄于火星北半球冬末，为我们展现了巨大的封冻二氧化碳沉积，本质上讲就是一部分火星大气在地面上凝固而成。最后一幅图显示的是火星夏季的第一天，太阳照射到极区的范围达到最大。封冻的二氧化碳消失了，仅剩下极冠中的水冰。

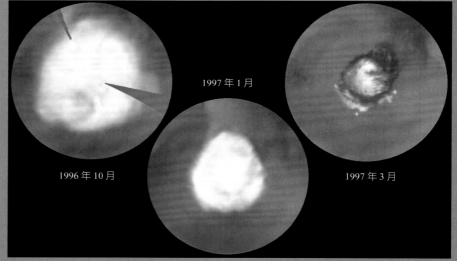

1996 年 10 月

1997 年 1 月

1997 年 3 月

火星全球性沙尘暴

　　2001 年 10 月,"哈勃"让天文学家有机会目睹几十年来火星上最大的沙尘暴。地球上任何沙尘暴都无法与之比拟,它所吹起的沙云笼罩整个火星达数月之久。虽然风速可以达到每小时 250 千米,但火星的二氧化碳大气密度不足地球大气的 1%。

荣耀的土星

　　"哈勃"在 8 年间拍摄出了精致的土星图像，展现出土星著名的光环相对于我们视线的开（对页）与合（上图，侧向）。上图可以看到土星 60 多颗卫星中较大的几颗，其中就包括土星最大的卫星土卫六。图中可见它在土星的表面上投下的漆黑的影子。土星环由数万亿个冰粒子组成，可能来自很久以前土星的卫星间所发生的碰撞。从倾斜的视角望去，可见土星环的精细结构由土卫六和其他较大卫星的引力所维系。

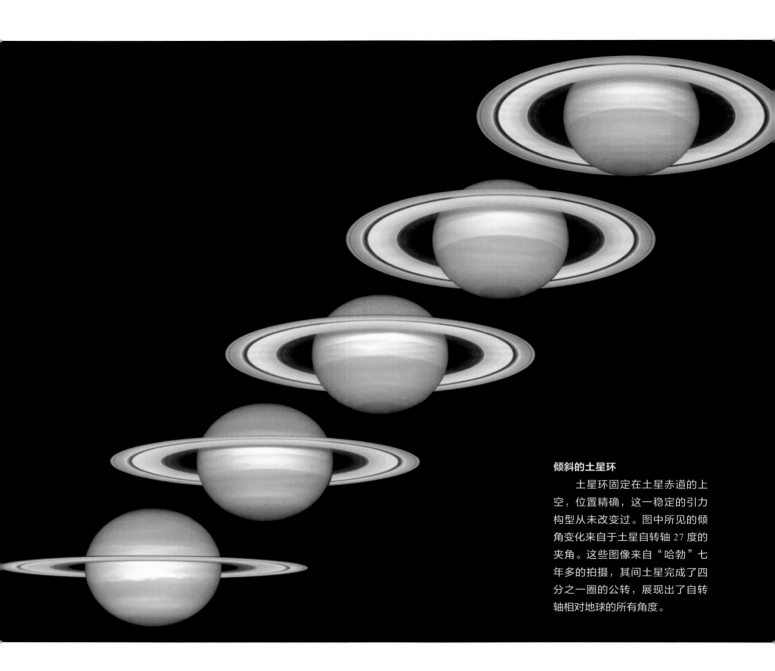

倾斜的土星环

    土星环固定在土星赤道的上空，位置精确，这一稳定的引力构型从未改变过。图中所见的倾角变化来自于土星自转轴 27 度的夹角。这些图像来自"哈勃"七年多的拍摄，其间土星完成了四分之一圈的公转，展现出了自转轴相对地球的所有角度。

土星极光

　　"哈勃"和环绕土星的卡西尼探测器，都使用紫外探测器观测到了土星上的极光。随后天文学家将紫外观测结果叠加到"哈勃"同一时间拍摄的土星图像上。太阳系的行星中，已知具有显著极光活动的有地球、木星和土星。"哈勃"在天王星和海王星上仅探测到了较弱的极光活动。

土星上的卫星

　　2009 年 2 月 24 日，土星发生了罕见的"四星凌土"。除了土星最大的卫星土卫六之外，还有 3 颗小得多的卫星也从其前方经过。它们是土卫四和土卫二（中间靠左的两个白点，土卫四是其中较大的那个）以及土卫一（位于右侧土星边缘上）。

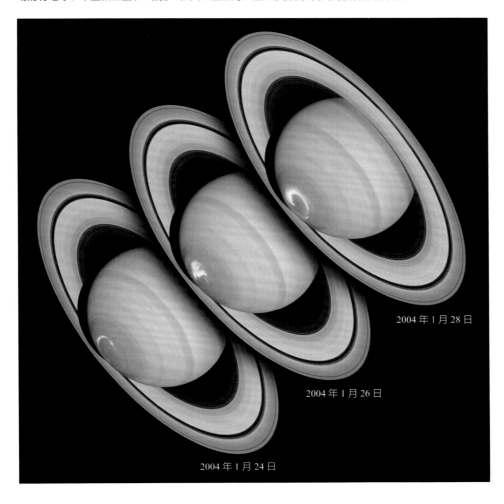

2004 年 1 月 28 日

2004 年 1 月 26 日

2004 年 1 月 24 日

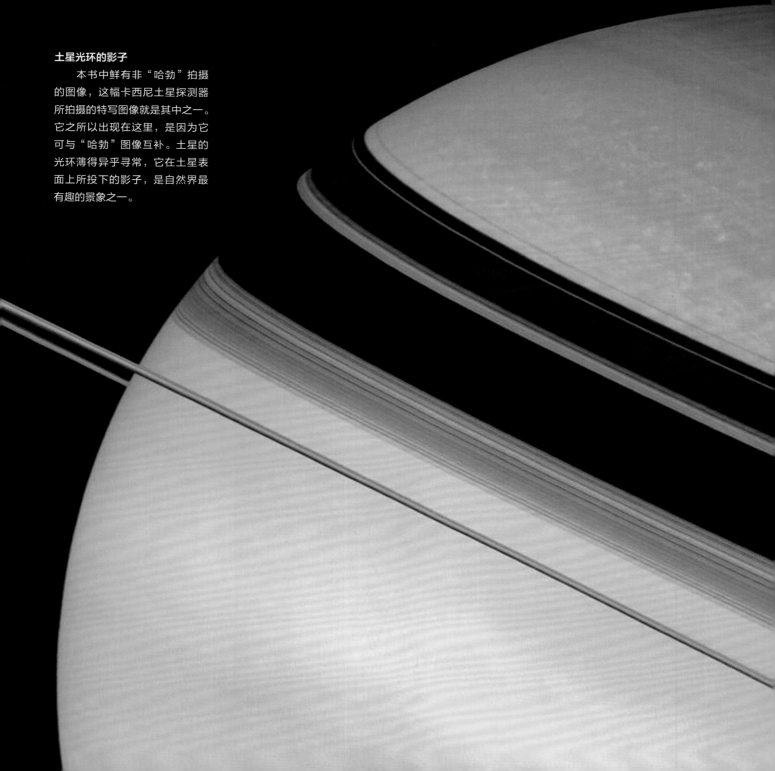

土星光环的影子

　　本书中鲜有非"哈勃"拍摄的图像，这幅卡西尼土星探测器所拍摄的特写图像就是其中之一。它之所以出现在这里，是因为它可与"哈勃"图像互补。土星的光环薄得异乎寻常，它在土星表面上所投下的影子，是自然界最有趣的景象之一。

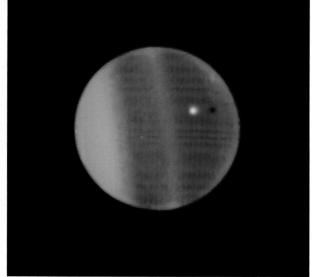

天王星

　　哈勃空间望远镜所拍摄的天王星红外图像（上图）揭示了它周围 4 个主要的光环，以及 20 多颗已知卫星中最大的 4 颗。红外图像比可见光图像更能可靠地显示出天王星甲烷大气中的云。"哈勃"捕捉到了一颗卫星从天王星表面经过，留下影子的影像（右上图）。这个白点是直径 1,150 千米的冰卫星天卫一，它在天王星的云顶投下了影子。天王星的卫星公转的方式很特别，因此很难在天王星表面上投下影子。

海王星

　　海王星的大小只有木星的三分之一，距离比地球到太阳还要远上 7 倍，因此从地球上用望远镜看去仍是个比较小的目标。不过"哈勃"配备了具有红外观测能力的大视场相机 3，已经探测到了它上面的云层。

冥王星

　　我们可以认为冥王星是一个双星系统，因为它最大的卫星冥卫一有冥王星一半那么大。在这幅"哈勃"图像中，还能看到两颗小得多的卫星——冥卫二和冥卫三（最远的白点）。如第 14 页图中所示，"哈勃"已经探测到了冥王星表面明暗不同的区域。2006 年国际天文学联合会将冥王星重新分类为矮行星，主要原因是它体积较小（小于月球），同时它与海王星轨道外的大量天体十分相似。

第十章　奇异的宇宙

"哈勃"的宇宙图库满是天体的宏伟影像，有无数的星系、星云、行星、恒星，我们对此已十分熟悉。但这其中也有一些很诡异的图片，记录了怪诞的天体，是时空中神秘的所在。我们从中能看到天体不期而遇的场景、离奇消失的事件。在敏锐的"哈勃"对准它们之前，我们从未见过，或者真切地看到这些奇异景象。

宇宙可以用几种简单的相互作用力来描述：引力和磁场、电磁辐射、带电粒子风、物体撞击的动能。宇宙混沌之时，大自然看似随机地塑造出万千天体，但这一切惊人的平衡对称，呈现出神秘美丽的宇宙。然而恒星间的距离太过遥远，我们无法获得三维视角，因此很难推测天体的真正形状。这其中最离奇的例子或许要数"回光"了。恒星爆发或爆炸时，它发射的辐射会在太空中反弹，就像地球峡谷里的回声一样，仿佛有一个环在膨胀，让人产生错觉。对页的图像就是一个回光的例子。

天体不仅会在夜晚闪耀，有时还会闪光。"哈勃"作为一架程控在轨高能天文望远镜，也可以探测到这些爆发。"哈勃"就像法医侦探，进行后续观测来确定闪光天体的特性。

太阳系时刻上演着不可预测的现场狂欢。自 20 世纪 50 年代末起，科学家就开始使用无人空间探测器一步步地勘察太阳系中的行星、卫星、小行星和彗星。到访的行星都展现出不为人所知的细节特征，令人惊喜不已。按照探索计划，第一步要快速飞掠行星，然后发射轨道器环绕行星，对它进行全球照相勘探。接下来配置着陆器，挖掘、探测、从化学上分析行星上有趣的东西。探测器离开行星或不幸失灵后，"哈勃"会继续监测行星。从空间探测器所拍摄的快照来看，太阳系的行星和卫星似乎很稳定。但实际上，某些天体，尤其是气态巨行星，上面有着湍动的大气，常常发生狂暴的动荡现象。想要了解这些行星大气中变化的斑点、旋涡和射流，就如同预测倒入热咖啡中的奶油图案一样，是一大挑战。

为了仔细研究太阳系中的各类事件，"哈勃"担任起监控系统的职责。工作期间，发生了一系列预料之外、情理之中的暂现现象。对天文学家来说，最有趣的就是太阳系天体之间的碰撞。地球也是行星际撞击的受害者，就像在安全距离以外观看实验一样，地球也目睹了发生在其他天体上的种种故事。

一种特殊的自然现象——回光。"哈勃"拍到了光影色彩交织的一幕。详见第 283 页。

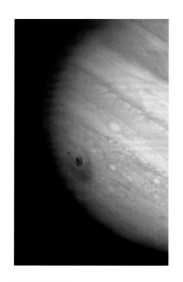

彗星撞木星

  彗星撞击行星是千年一遇的景象。1994 年 7 月，舒梅克 - 列维 9 号彗星的 23 块碎片撞上木星，其中有 2 块造成了如图所示的黑色撞击遗迹。7 月 18 日，碎块 G 撞击木星，形成了这颗行星上最大的撞击痕，直径接近地球。碎片倾斜进入行星会产生新月形的撞击痕。

锁眼

  这个形状奇特的黑色轮廓看起来有点像国际象棋，还有点像一个幽灵般的"阴影人"从迷雾中抬起头。它位于反射星云 NGC1999。反射星云本身不会发出任何辐射，但它内部的光源会照亮尘埃，让后者发光，就像笼罩在路灯周围的雾气。NGC1999 与猎户星云很近，距地球约 1500 光年。"哈勃"的天文学家曾认为，这颗黑色的天体是一团稠密的气体和尘埃云，形状像门把手，遮挡了背景中的星光。隶属于欧洲空间局的赫歇尔空间天文台，是迄今为止发射的最强大的红外望远镜，它曾一度对准这块黑斑，想探测穿透尘埃的红外辐射，但是什么也没看到。天文学家最后得出结论，这块黑斑看起来黑，是因为它本身就是真空。这片区域中有一些年轻恒星，会产生细长的气体喷流，在星云壁上凿出了这样一个洞。

磁力怪兽

  对页：星系 NGC1275 的内核看上去像一只长着许多触手的章鱼。那些精细的触手由内核周围的强磁场产生，里面还有一个正在喷发的超大质量黑洞。磁场会束缚气体，形成这些延伸到该星系之外的长细丝结构。每条细丝的质量约为太阳的 100 万倍，虽然一般宽度只有 200 光年，却能向外延伸出 20,000 光年。黑洞喷出上升的高温气泡，向外拖拽低温气体，形成这些细丝结构，但它们究竟如何抵御 NGC1275 所在星系团的恶劣环境，至今仍是一个谜。细丝很可能升温、扩散、蒸发，也可能在自身的引力下坍缩，形成恒星。

汉妮天体（Hanny's object）

　　斯隆数字巡天用一架直径 2.5 米望远镜对大范围的夜空进行了长期的勘测，发现在漆黑的太空中，有些奇怪的"绿色小精灵"，与此前宇宙中所见的所有星系都大不相同。从表面上看，这些小精灵类似于银河系中的超新星遗迹。但后续的观测显示，这颗巨大的绿色天体位于 7 亿光年之外，与邻近星系 IC2497（见图像顶部）到地球的距离差不多。这是一个惊人的发现，因为它表明这颗绿色天体的体量极大，尺度近乎接近整个银河系。

　　有一个叫作"星系动物园"的项目邀请天文爱好者帮忙给星系分类。荷兰小学教师汉妮·范阿凯尔（Hanny van Arkel）就是在这个项目中发现了这颗神秘天体，于是她称之为"汉妮天体"。天文学家用"哈勃"观测它，发现它是由气体组成的精细丝状结构，还有一个年龄只有几百万年大的年轻星团。理论上说，IC2497 内核活跃，以前应该是一颗类星体，从中央黑洞射出强劲的光束。这颗类星体朝汉妮天体所在的方向发射大量的辐射，照亮了整个星云。而颜色呈绿色是源于发光的氧。

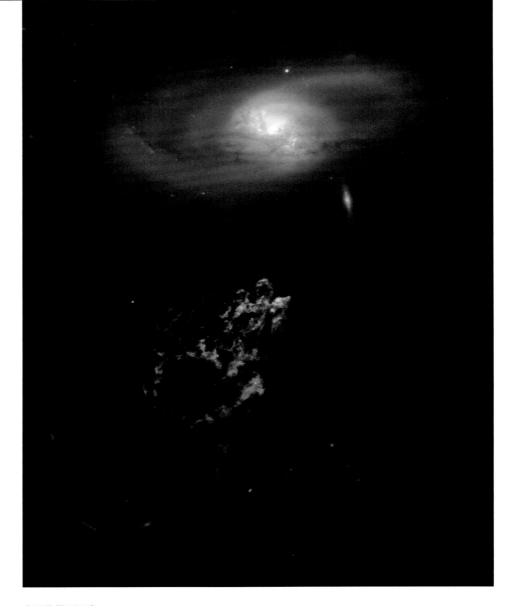

类星体借尸还魂

　　IC2497 星系（见图像顶部）爆发的类星体照亮了汉妮天体，因此天文学家认为，这片奇特的绿色星云属于环绕星系的巨大气体环。这颗类星体可能在星云上投下影子，在它上面形成了一个直径约 20,000 光年的空洞。"哈勃"发现，这个空洞边缘极为锋利，说明有一个物体正在靠近该类星体，挡住了它的一部分辐射，在汉妮天体上落下投影。这种现象类似于一只苍蝇从电影放映机前飞过，在银幕上投下了影子。这颗类星体的爆发或许还触发了恒星的形成。

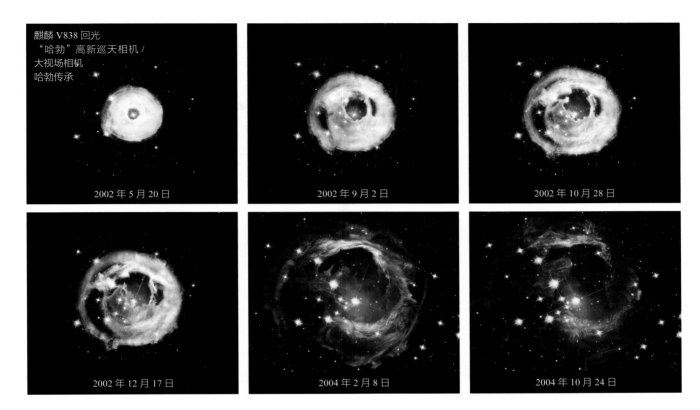

麒麟 V838 回光
"哈勃"高新巡天相机 /
大视场相机
哈勃传承

2002 年 5 月 20 日

2002 年 9 月 2 日

2002 年 10 月 28 日

2002 年 12 月 17 日

2004 年 2 月 8 日

2004 年 10 月 24 日

麒麟 V838 回光

在天文学家的一生之中，乃至几代人的时间跨度上，鲜有天体会在形状和尺度上发生显著的变化。然而这颗特殊的天体却在许多方面都独一无二。它向"哈勃"的天文学家呈现出宇宙中最大的幻象：回光。由于光在太空中传播的速度有限，暂现事件（如恒星爆发）所发出的全部光辐射不会同时抵达地球。光辐射会经附近的尘埃云反射，滞后抵达地球，就像回声一样。从原理上来看，它与声音在峡谷中反弹形成回声是一样的。虽然光传播的速度远超过声速，但太空如此广袤，这一反射可推迟数年之久。

麒麟 V838 位于银河系边缘，我们此前对这颗变星一无所知。直到 2002 年 1 月 6 日，它急剧增亮，达到 600,000 倍太阳光度，一瞬间成了银河系中最亮的恒星。天文学家发现，麒麟 V838 外部壳层膨胀，导致恒星冷却，显著变红。这颗恒星可能已经吞下了一颗较小的伴星，搅乱了它内部的核熔炉，导致自己爆发增亮。

乍一看，这张好多年前拍摄的"哈勃"图像似乎呈现出一个膨胀中的球壳残骸。但实际上，我们看到的是周围尘埃云所反射的爆发光线。这些光抵达地球的时间要晚于最初的爆发辐射，由此产生了假象，让我们以为它是一个正在膨胀的环。

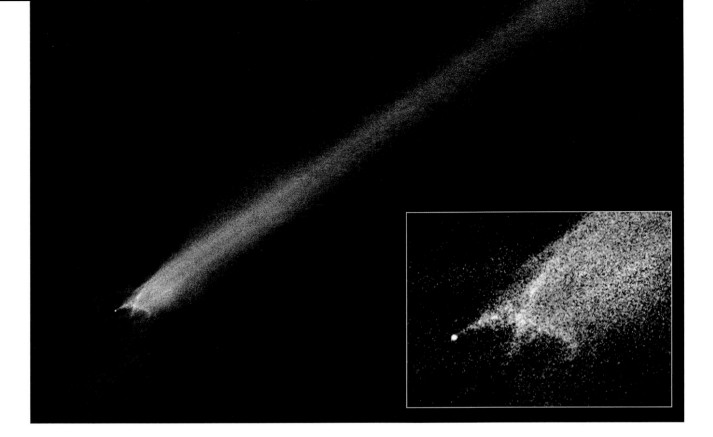

小行星碰撞

2009 年初，天文学家拍摄到了一个尾巴长长的奇怪天体。通常，我们会把它当成彗星，但是它却出现在小行星带，这个地点说明它不是彗星。彗星源自遥远的太阳系边缘。于是我们召唤"哈勃"，对这个有着长尾结构、头部直径 100 米的天体进行观测。在此过程中，"哈勃"发现了一个前所未见的 X 型图案，十分奇异。于是我们认定这不是简单的彗星云。

最直接的解释是，两颗小行星相互碰撞，较小的那颗在较大的上面撞出了一个陨击坑并溅射出大量尘埃。这一冲撞的猛烈威力相当于一颗小型原子弹。浓密的尘埃流构成了 X 形图案。"哈勃"的天文学家预计，这些残骸会迅速扩散，就像从一颗爆炸的手雷中飞出的弹片。然而，实际观测发现，这颗天体的膨胀速度极为缓慢。测量天体膨胀速率后，发现这次撞击事件发生在 1 年之前。

参考这一观测结果，天文学家估计，一座山那么大的小行星发生碰撞的概率平均为 1 年 1 次。碰撞后，较大的小行星碎裂成较小的天体，这或许可以看作是破坏小行星、补给行星际尘埃的主要过程。我们观测到的这两颗小行星，可能就是较大的那颗在几千万，甚至几亿年前碰撞而遗留下的残骸。

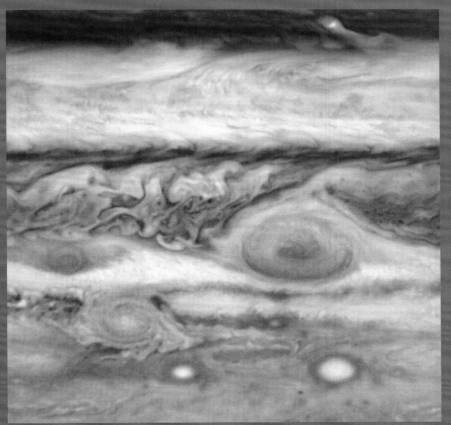

小红斑"吃豆子"

2008 年，木星看上去像发了麻疹。早在 2006 年，木星上就已出现大红斑的缩小版，称为小红斑；之后又在大红斑的边上冒出来第 3 个更小的斑，称为微红斑。这两个新的红斑之前都是白色的。它们的颜色突然变化，说明这两个漩涡风暴上升了数百千米，到了木星大气的顶层，与大红斑的高度相当。对此有一种解释：这些风暴或许强度很大，可以汲取木星深层大气中的物质，将它们抬升到高空，在那里经过一些未知的化学反应，利用阳光中的紫外辐射制造出砖红色。

2008 年，微红斑和大红斑并合了。下图中，微红斑逐渐向大红斑靠近，直到被这个地球大小的反气旋俘获。最后一张图中，微红斑发生变形，颜色变白，转到大红斑右侧（箭头所指处）。与此同时，小红斑（图像底部）位于大红斑的边缘，未受到影响，至少在绕木星转动的这一圈中如是。

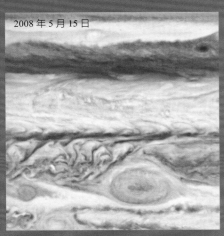

2008 年 5 月 15 日

2008 年 6 月 28 日

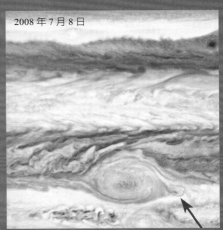

2008 年 7 月 8 日

285

彗星之死

2006 年，史瓦斯曼-瓦赫曼 3 号（Schwassmann-Wachmann 3）彗星在"哈勃"相机镜头前解体。这给了天文学家前所未有的机会，有助于他们研究彗核死亡。这颗彗星从太阳近处飞过，就像搭载着过山车的轨道，然后不久便发生了瓦解。46 亿年前，地球和其他行星开始形成，与此同时，太阳系外围也在凝结冰和尘埃，聚集成易碎的彗星。太阳的热量和引力让这颗彗星土崩瓦解。"哈勃"图像展示，房屋大小的碎片碎裂成了更小的团块。就像开香槟酒时，被束缚的挥发性气体突然释放，让软木塞进出，彗星松散的核心高速转动，或许就促成了它的爆炸式解体。每个大碎块后面都有几十块微小的碎片，这可能与从彗星表面喷射出的物质有关。

逃逸的行星

1997 年，"哈勃"拍摄到一幅图像，十分引人注目，让人觉得不可思议。一个非常红（即温度很低）的点状天体位于一根明亮的尘埃柱顶端。这根尘埃柱长 2,000 亿千米，来自一个年轻明亮的双星系统（即图中最亮的天体）。这个天体被称为 TMR-1C，位于金牛座，距离地球约 450 光年。我们认为尘埃柱是在双星系统抛射出其中一颗行星时形成的，但也不能完全确定。2009 年，地面望远镜进行的后续观测表明，这个幽灵一般的天体已变得更亮更蓝，说明它可能是一颗包裹在旋转厚尘埃盘中的年轻原行星，由此可以解释它亮度的变化。到目前为止，这颗天体仍是一个未解之谜。

2009 年 7 月 23 日

2009 年 8 月 3 日

2009 年 8 月 8 日

2009 年 9 月 23 日

2009 年 11 月 3 日

流浪小行星

　　2009 年 7 月 19 日，一个意料之外的未知天体撞击了木星，留下了一块与太平洋差不多大的黑色疤痕。（没错，那个黑色的"小"伤疤有那么大！）没有人目击到这次碰撞，但它被一个天文爱好者的"监控视频"捕捉到了。很快，全世界的天文台，包括"哈勃"，都瞄准了木星的这道伤疤。天文学家看到了似曾相识的一幕：1994 年 7 月中旬，舒梅克 - 列维 9 号彗星的碎片在众目睽睽之下接连撞上了木星。

　　通过比较"哈勃"对这两个间隔 15 年的撞击事件所拍摄的图像，天文学家得出结论，撞击木星的可能是一颗直径约 500 米的小行星。木星上椭圆形的撞击痕表明，这颗入侵天体撞击的角度不大，但释放的能量相当于广岛原子弹的数千倍。撞击时，小行星上黑色的土质物质被送入木星大气，被木星上的强风吹动了好几周才消散。

　　这是人类历史上第一次在小行星撞击行星后，立即观测到结果的活动。从图像中可以看出，太阳系其实十分喧闹。木星每几百到几千年就会发生一次撞击事件，此外或许还有许多意料之外的撞击频繁发生。太阳系中还有许多未知的小天体，它们也许会冷不丁地冒出来，造成巨大破坏。例如，1834 年英国天文学家乔治·艾里（George Airy）在木星南半球的云带中发现了黑色的东西，大小几乎达到木卫伽利略投影的 4 倍。

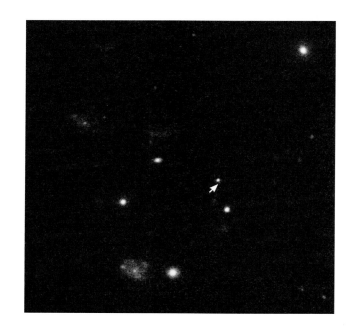

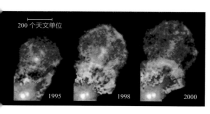

200 个天文单位

1995　　1998　　2000

恒星爆发泡

从这些"哈勃"图像中可以看到，年轻的双星系统金牛 XZ 抛射出了膨胀中的发光气泡。有一两颗恒星周围有着看不见的气体盘，贯穿在这对双星系统周围的磁场中，以大约每小时 480,000 千米的速度射入太空。从 1995 年到 1998 年，金牛 XZ 的样子发生了显著变化。1995 年，系统内部和气泡边缘的亮度相同。然而，1998 年"哈勃"再次观测它时，却发现它的边缘突然增亮了，可能是气泡前导边界处的高温气体冷却所致。这也是天文学家第一次在年轻恒星周围看到冷却区"开启"。

最明亮的 γ 射线暴

2008 年 3 月 19 日，宇宙中有一颗恒星变得如同 1,000 万个星系那么明亮，亮度持续了大约一分钟。美国东部夏令时间凌晨 2:12，站在北美晴朗而黑暗的夜空之下，仰望着牧夫座的同时，还能看到天上突然冒出来的一颗暗弱的 5 等星。这颗星星距离我们 70 亿光年，它是从地球上肉眼可见的最遥远的天体，只不过大家都没仔细看它而已。这颗星星又被称作 GRB 080319B，可以释放出明亮的 γ 射线闪光。此外，美国国家航天局的"γ 射线暴快速反应探测器"还探测到了 X 射线闪光。这幅拍摄于 4 月 7 日的"哈勃"图像为我们展示了这一巨大爆发的光学对应体（箭头所示）。"哈勃"团队的天文学家希望能看到爆发所在宿主星系。让他们惊讶的是，爆炸发生 3 周之后，它的光芒仍湮没了所在星系的光亮。他们将这次事件称为长时间 γ 射线暴，可能是一颗质量非常大的恒星（也许有 50 个太阳质量）造成的，因此有时也称之为巨超新星，比普通超新星的爆发更强，同时也亮得多，因为能量都集中在一道窄窄的喷流束中了。波束刚好直接对准地球时，即便距离遥远，恒星看起来也会极其明亮。宇宙各处每天至少会发生 1 次 γ 射线暴。

完美的 "10"

　　这对样貌奇特的星系被称为 Arp 147。两个星系恰好摆出了数字 "10"的造形。左侧的星系是数字 "1"，相对来讲，未受较大扰动，但有着一个在普通星系中并不多见的显著的环状结构。这个环状结构正好侧向面对我们的视线，因此看起来像 "1"。右侧的星系构成了数字 "0"，它有一个正在剧烈形成恒星的蓝色圆环。

　　这个蓝色圆环很可能是左侧星系从右侧贯穿而过所形成的。碰撞时会产生向外扩散的密度波，进而形成了焦圈的形状。物质会在两星系之间的引力作用下向内运动，与密度波发生碰撞，产生激波和稠密气体，触发恒星形成。蓝色圆环左下方的红色尘埃结可能是碰撞之前星系核的所在地。

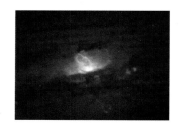

黑洞泡

　　这幅图像看起来阴森森的，仿佛从一口黑色的大锅中升起了一个发光的幽灵。高温气体泡从星系 NGC4428 核心处的黑色尘埃带缓缓浮现出来（尘埃带下方还有一个泡，勉强可见）。黑洞吞噬下落的气体和尘埃并把部分物质抛回太空，产生了这些气泡。黑洞周围的强辐射和磁场爆发时，会有两道喷流向外喷射物质。这些喷流最终会撞到低速稠密的气体，形成图中所见的发光物质。

速逃星

　　速逃星高速穿过高密度星际气体，产生了奇特的蝌蚪形状和回旋镖形状，形成了明亮的箭头结构和发光气体拖尾。恒星的强劲星风（从恒星流出的物质流）撞入周围的稠密气体会形成箭头结构，又称为弓形激波。这一现象有点像快艇在水面上疾驰而过时所发生的情形。激波的形状和长度取决于这颗恒星到地球的距离，圆头形的弓形激波可以长达四分之一光年。这一弓形激波表明该恒星时速超过200,000 千米，大约是普通年轻恒星的 5 倍。

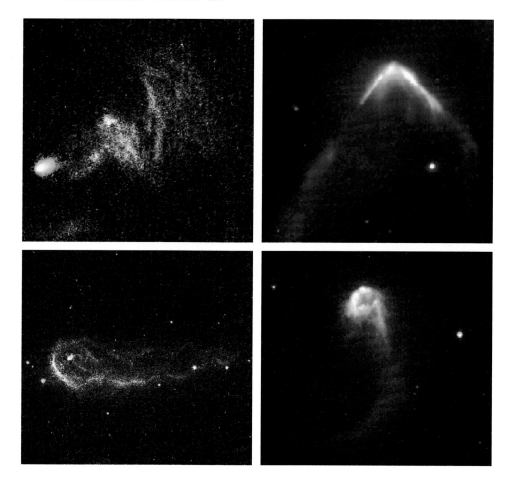

星系剪影

　　一个正向的旋涡星系正好出现在另一个更大的星系前方，这真是一个罕见的巧合！这种排列方式为我们提供了一次探测前景星系中暗物质的难得机遇。星际尘埃带是形成新一代恒星的原材料。图像中央附近的小红斑是背景星系的明亮核心。

牛眼星系（bull's eye galaxy）

　　这个几乎是正向面对我们的黄色星系核周围环绕着一个蓝色的环，其中大多是高温的年轻大质量恒星，与大部分是老年恒星的黄色核心形成鲜明的对比。这个环中环结构可能是由一个伴星系从另一个伴星系正中央穿过所致，引发了大规模的恒星形成过程。蓝色恒星环也是这一穿越事件遗存下来的产物。此次密近交会可能发生在20～30亿年前。

神秘的光束

对天文学家来说，宇宙中或远或近的闪光已是司空见惯。但若是有一颗天体如幽灵般凭空出现，就需要对此做出解释了。2006 年 2 月 21 日，天文学家搜索遥远的超新星时，"哈勃"发现了这样一个宇宙灯塔（右图）。不过它的行为与超新星不符。这个灯塔的亮度持续攀升了 100 天，又在之后的 100 多天里持续回落，直到消失不见。此前的任何天文事件中都未曾看到过这样的光变特征。即使是超新星也会在不到 70 天的时间里达到亮度峰值，然后慢慢变暗，而且超新星应位于星系之中。然而，天文学家对各种天文星表进行搜索之后发现，这个神秘闪光的所在之处既没有恒星，也没有星系。2009 年，美国加州理工学院帕洛玛天文台对它进行后续观测，发现这个闪光所在位置是已知宇宙年龄一半的地方。

死星

图中左下角是一个较大的星系，其中有一个超大质量黑洞，从黑洞边缘射出一道巨大的气体喷流，以近光速运动。这道强劲的能量束像宇宙机关枪一样，疯狂轰击着近邻的星系。气体喷流刚好击中了它的伴星系，打中星系边缘后被打散，发生偏折，就像一道水流，以一定角度射到墙壁上。超大质量黑洞所产生的喷流会把大量的能量运送到远离黑洞的地方，可以对远大于黑洞尺度的范围施加影响。喷流可能对这个较小星系产生非常大的影响，因为这两个星系（被称为 3C321）之间的距离非常近，只有 20,000 光年——按照星系的标准，几乎就碰上了。

这幅图像由多波段观测合成而来，包括钱德拉 X 射线天文台的 X 射线数据（紫色），"哈勃"在可见光和紫外波段下所见的恒星（红色和橙色），甚大阵探测到的射电辐射（蓝色），向我们展示了主星系发射出的喷流如何轰击其伴星系，又如何射入太空。

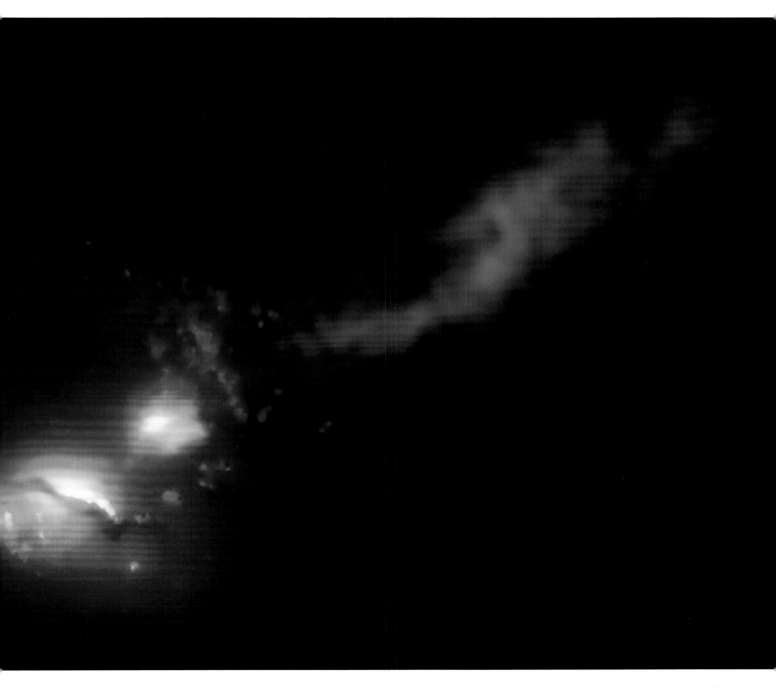

第十一章 最新成果：2012—2017

2019 年 5 月，NASA 宇宙飞船最后一次为"哈勃"服务。七名宇航员修复望远镜，完成了升级，"哈勃"也达到了最高科学水准。

2009 年 5 月，NASA 最后一次对"哈勃"执行服务任务，宇航员安装了两个新仪器：第三代宽场照相机（WFC3）和宇宙起源光谱仪（COS）。与"哈勃"之前所配备的照相机相比，WFC3 分辨率更高，视野更广，极大扩展了望远镜在近红外波段的视野。它替换了近红外照相机和多物体分光计（NICMOS），这两个仪器都是 1997 年 NASA 第二次为"哈勃"执行服务任务时安装的，它们首次开拓了哈勃在近红外宇宙的征程。

NICMOS 打开了一个未知的世界，为我们构建出极其遥远的年轻星系的形象。这些星系只能在近红外波段看到，因为宇宙的膨胀效应把光拉伸到了更长的波段。WFC3 为天文学家带来了比 NICMOS 更好的图像。它提高了敏感度，把我们的视域又向外推进了一步，能瞥到大爆炸 4 亿年后形成的原始星系。

2009 年执行服务任务的宇航员创造了一项连造望远镜的人都未曾预想的丰功伟绩：在轨现场修复。望远镜之前配备的两个仪器——勘探用先进望远镜（ACS）和宇宙望远镜成像光谱仪（STIS），都无法工作了。2004 年，STIS 失去供电，2007 年，ACS 的电路板短路。为了修复仪器，宇航员必须深入仪器内部，更换电路板，接通回路，重新供电。最终修复工作圆满完成，再加上配备了两个新仪器，"哈勃"一下子拥有了五个功能设备，可以实现未来的观测任务了。

"哈勃"发现了许多新现象，其中，STIS 拍到了木卫欧罗巴从地下向宇宙喷射水雾的照片。这颗冰质卫星是我们搜寻地外生命的一颗主要目标，它的地下海洋中可能存在生命。这项新发现告诉我们，欧罗巴地下海洋里的物质有可能升上地表，我们未来可以向它发射样本收集机器人，作进一步分析。

本章为您展示哈勃太空望远镜在巅峰时期拍摄的图片，看它如何为自己的探索事业留下宝贵的财富。鉴于"哈勃"如今运行状况稳健，它或许会和 NASA 的下一步飞跃"詹姆斯韦伯空间望远镜"（计划 2021 年发射）合作，共同完成更加圆满的观测工作。"韦伯"关注的是在人眼不可见的红外波段揭示宇宙的形态，而哈勃会继续在可见光波段拍摄精彩绝伦的图像。

对页：图为在恒星群里膨胀的一团失控的大气球——气泡星云，也称作 NGC7635，距离我们 8000 光年，位于仙后座星系。气泡星云像一个气球，一直膨胀，膨胀速度为每小时 4 万千米。其直径为 7100 光年，大约是太阳与距其最近的另一颗恒星之间的距离的 2 倍。

超新星遗迹可以在宇宙中产生气泡，但其中的过程千变万化。比太阳亮几十万倍、质量大 45 倍（刚刚超过左上角）的超热年轻恒星是这里的举重员。它产生的极强的星风和强烈的辐射，让这个发光的气体结构膨胀，把外部密度更大的物质向外推。

半人马座 α 双星

第一眼看去，还以为这是汽车的一对前灯。其实，这是距地球最近的恒星系统，半人马座 α 双星的图像。系统包括左边的半人马座 αA 和右边的半人马座 αB，还有一颗叫比邻星的暗弱红矮星，但它不在图中，因为它与这两颗恒星相距 1.6 万亿千米。

半人马座 αA 只比太阳大一点点，温度也差不多。半人马座 αB 更小、温度更低。两颗恒星就像双人滑冰运动员一样，绕着共同的中心旋转，每 80 年环绕一周。它们最近时的距离大概是太阳和土星的间距。而比邻星与之不同，绕伴星转一周大约需要 50 万年。半人马座 α 系统距地球 4.3 光年，这个距离大概是日地距离的 27 万倍。我们发射了一颗星际探测器，速度为 0.1 倍光速，大约会在 40 多年后到达此系统。

旋涡星系 M106

梅西耶 106 号星系距离我们大概 2 千万光年，它是离我们最近、最亮的旋涡星系。图为星系内部的景象。黑色的尘埃云在星系核内恒星亮光的衬托下显得十分灰暗。光影相互作用让星系中心看起来像女巫搅动的汤锅。年轻的恒星组成两条特别亮的蓝色旋臂，围绕这口大锅对称地旋转。旋臂中散布着一个个亮粉色的结，由星云中燃烧的氢气形成，是新的恒星诞生的地方。

有两条粉色的旋臂与众不同。它们是由热气体组成的，而不是恒星。星云中心是大质量黑洞，周围的物质急剧翻滚，产生物质喷流。这两条旋臂应该是物质喷流的副产物。随着它们穿过宇宙，扰乱了周围的气体并让它们升温。

业余天文学家罗伯特·詹德勒（Robert Gendler）利用"哈勃"对 M106 的存档照片制作了星系中心的马赛克图。然后用他和另一位业余天文学家杰·加白尼（Jay GaBany）对 M106 的观测结果与"哈勃"数据结合，跳过重叠区间，补充了后者缺失的部分，合成了新图像。

沃尔夫 - 拉叶星周围的气泡

　　船底座方向距离我们 3 万光年的地方有一颗沃尔夫 - 拉叶星，WR31a，它周围围绕着一圈十分明亮的氢氦云，像一个漂亮的蓝泡。两万年前，炽热的沃尔夫-拉叶星发射气体，产生了这个气泡。它的直径有 8 光年，大约是太阳与距其最近的恒星半人马座 α 之间距离的 2 倍。沃尔夫-拉叶星的质量比太阳的 20 倍还大，亮度是太阳的几百万倍，每年要燃烧掉近 2 万亿吨物质。这些恒星生命消耗的速度很快，一般只存活不到 100,000 年，常常在超新星阶段就死亡了。

大麦哲伦云中的恒星形成

　　银河系的小卫星星系中，有一个由发光气体和暗色尘埃组成的大漩涡，它就是大麦哲伦云（LMC，第 114—115 页）。这个看起来阴云密布的景观展现的是一个叫作 N159 的"恒星托儿所"。它直径达 150 光年。其中有很多年轻炽热的恒星，发射强烈的紫外光，让巨大的氢气云看起来十分明亮。恒星发射出汹涌的热物质星风，将周围的星际介质塑造成棱脊、弧角、丝絮等各种形态。N159 位于 LMC 的蜘蛛星云中，是我们本星系群中最大、最剧烈的恒星形成区。LMC 在与银河系的引力作用中产生的潮汐力让整个 LMC 最近都有持续活跃的恒星形成。

独眼木星

　　木星的四颗大卫星在各自轨道上围绕这颗巨型行星顺时针旋转时，常常在它色彩斑斓的大脸上打出各种光影效果。在这幅巧合的图中，木星就好像在用一只直径 15,000 千米的大眼睛盯着我们，仿佛一个不怀好意的星际独眼巨人。眼白是木星标志性的大红斑，黑眼珠是木星最大的卫星——木卫三的黑色阴影。"哈勃"拍摄照片时，木卫三正好位于右侧视场之外。

　　大红斑是木星上类似飓风一样的高压风暴区，大小跟地球差不多。风暴区的云比其他地方的云层高 8 千米左右。当木卫三的阴影从这里扫过时，会形成日食。

木星极光

　　地球不是唯一一个在遥远的南北极天空有神秘极光的行星。几十亿千米以外，木星的极区也有持续不断的明亮极光。

　　跟地球极光的生成过程一样，太阳向宇宙中发出的带电粒子被木星的强磁场捕获，从而产生极光。来自太阳风的带电粒子冲入木星的磁层，沿着磁力线被加速到很高的能量，然后注入南北磁极附近的大气，让大气发光，就像荧光灯管中的气体一样。木星的磁层比地球的强两万多倍，体积也很大，向外扩展到木星宽度的 100 倍。太阳风是太阳发射的一股股带电粒子，它们把木星的磁场层挤压拉伸成风向袋的形状。风向袋的尾巴一直延伸至土星的轨道，离木星有十亿千米之遥。这张木星的全色图像与极光的拍摄时间不同，是"哈勃"在绘制外行星完整图像期间得到的。那片明亮的蓝色极光是在紫外波段拍摄的。

多重星系团碰撞

　　"哈勃"和它的伙伴 X 射线天文台、射电天文台记录了 54 亿光年以外的巨大天体发生碰撞的真实场景。那里一片混乱。这张人工上色的图片中，四个星系团相互碰撞。蓝色的 X 射线成分勾画出碰撞的轨迹，明亮炽热的气体在挤压的过程中被加热至几百万度。粉色结构来自射电数据，它们显示的是巨大的冲击波和湍流。星系团融合产生类似声暴的冲击波。"哈勃"识别出了参与撞击的众多星系。

仙女座星系

　　天文学家想用"哈勃"看看银河系最近的邻居"仙女座星系"时，就面临了一个严峻的问题。虽然这个壮丽的旋涡星系有 250 万光年之遥，但它伸展的宽度却有六个满月排成一排那么长。为了获取细节，需要把 400 张"哈勃"数字图像拼接在一起（折页）。仙女座星系有一个煎饼似的圆盘，直径 61,000 光年，里面有数亿颗恒星，就像沙滩上的沙粒。在此之前，从没有天文学家能在我们银河系以外的大型旋涡星系中把恒星一颗颗分辨出来。把这页和对页翻起来，就能看见那片长方形区域的细节。

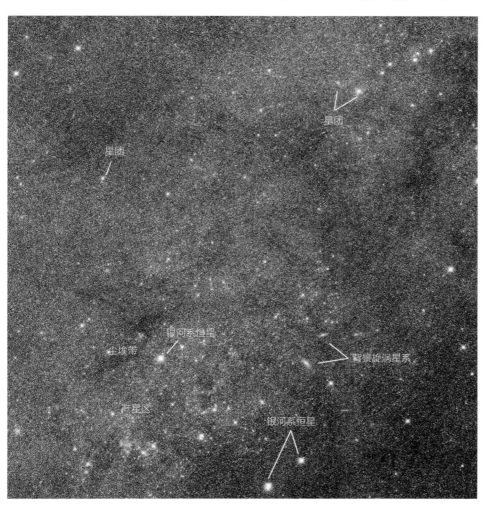

左图："哈勃"透过仙女座大星系的旋臂，清楚看到它身后 100 万光年之外的旋涡星系。仙女座星系中的恒星遍布了整张画面。

307

仙女座大星系

　　仙女座星系右上方的长方形是哈勃太空望远镜选出来的高分辨率区域，左图是它的放大图像。这项绘图工程由 400 多张"哈勃"数字图像无缝连接完成。上图显示的就是用于完成这张拼图的所有"哈勃"视场所构成的锯齿状边缘。左图给出了仙女座星系旋臂十分清晰的颗粒状结构，这个大星系里有上万亿颗恒星。图中的明亮恒星其实离我们很近，只有几千光年，都是银河系中的成员。

大质量星系团 ABELL S1063

星系集团 ABELL S1063 不仅看起来壮观无比，还是一座科学的宝库。这个星团的质量约为 400 亿颗太阳质量，分散在大约 1,000 个星系中，其中大多都是像我们银河系一样的盘状星系。在这个混乱的区域中，星系绕着星团旋转，就像蜜蜂绕着蜂巢一样。但和蜜蜂不一样的是，它们会撞击，融合成含有黑洞的大质量椭圆星系。

星系团巨大的质量会让宇宙发生畸变，就像保龄球滚过橡胶膜一样。这种对宇宙的扭曲，放大并增亮了星系团背后位于早期宇宙的星系。这种效应叫作引力透镜。我们在星系团中看到的那些光弧就是引力透镜现象的证据，就像我们照哈哈镜一样。

对天文学家来说，这个星系团就是宇宙的巨型放大镜，让我们能看到平时观测不到的遥远星系。那些被放大的星系让我们得以瞥见大爆炸后产生的第一代天体。天文学家从中找出了 16 个背景星系的畸变图像。前景星系团距离我们 40 亿光年，但它所放大的星系远在几十亿光年以外。

艳丽的宇宙

迄今为止，人类看到的宇宙最深处、最丰富多彩的图像是对南天的天炉座一小块天区进行为期 10 年的长时间曝光后得到的。这张图片利用"哈勃"配备的两台先进照相机在 2002 年至 2012 年间多次独立曝光的图像合成。

这张深邃的图中包含了从紫外波段到近红外波段的所有色彩。这张色彩丰富的织锦揭示了 130 亿年间各类形态、各种演化阶段的 1 万多个星系。无论把"哈勃"指向天空的哪个位置，都能拍到类似的场景。天文学家据此推测，整个宇宙中有大约 2000 亿个星系。

这次超深空探测为我们揭示了 130 亿年前，大爆炸后所发生的神奇的星系演化。根据对深场星系质量的统计分析，天文学家推测，在我们可观测的宇宙中有 90% 的星系过于暗弱和遥远，就算是"哈勃"也难以观测。由此再估计宇宙中的星系数量，可能会多达 2 万亿个。早期宇宙中形成的那些看不见的暗弱小星系，会渐渐地融合进"哈勃"记录下的这些大星系中。

韦斯特隆德 2 的恒星烟火

这张全景图中，"哈勃"为我们展现了一幅生机勃勃的年轻恒星明暗闪烁的图景。中心闪耀的是 3000 颗恒星组成的星团，称作韦斯特隆德 2。这个星团位于恒星繁育最为旺盛的区域，叫作 Gum29，位于船底座方向，离地球 2 万光年。这个巨大的星团直径大约 10 光年，年龄仅有两百万岁。里面包含几个我们银河系中最热、最亮、质量最大的恒星。这些大块头恒星发射的紫外辐射洪流，以及带电粒子的星际飓风，侵蚀着包裹它们的氢云，构造出奇妙的图景，有的像柱子，有的像山脊，有的像山谷。密度较大的气体形成柱状物，直指中央恒星团，这里是强辐射的源头。其他环绕柱状体的大密度区域含有一些丝絮般的红棕色气体和尘埃。

2016 年火星冲日

地球每两年会接近火星一次。虽然它红色的地表和两极冰盖特征明显。但这颗红色的星球每次都显得不太一样，因为它有季节性变化，以及稀疏的大气图案。

这张图片拍摄于 2016 年 5 月 12 日，火星距地球 8 千万千米。"哈勃"能分辨出 40 千米左右的细节。最右边的大暗黑区域是大瑟提斯高原。这是一个古老沉寂的盾形火山。黄昏的云层环绕在山顶。

暗黑区域是远古岩浆流沉积下来的基岩和砂砾。

云层漂浮到南极冰盖上方。冰冷的北极冰盖衰退得慢了很多，因为现在北半球正是晚夏时节。

恒星形成时的光剑

有些天体外观十分迷人，可以与科幻作家的想象相提并论。这张照片第一眼看去像是星球大战电影里的双头光剑。图片中央被尘埃部分挡住的是一颗刚形成的恒星。它发射出一对喷流，似乎在向宇宙昭示它的诞生。这颗年幼的恒星位于银河系中一个动荡的恒星诞生地——猎户座 B 分子云复合体中，距离我们 1350 光年。

气体从围绕新生恒星的物质盘落到恒星表面时，形成喷流。物质迅速升温，向恒星外部直射出来，沿着恒星自转轴朝两个相反的方向喷出。喷流的能量比科幻小说里的光剑大多了。它们与路径上的浓密气体和尘埃相碰撞，能清空大片区域，就像水流冲散沙堆。

混乱的熔炉（下图）

这张深入古代超新星爆发事件中心的图片看起来有些怪异，呈现了极端物理条件下的疯狂。这是位于公牛座的蟹状星云，距离我们 6500 光年。公元 1054 年，古代天文官目睹一颗恒星在此爆发。将近 1000 年后，我们看到了不断膨胀的丝状残骸，称为超新星遗迹。

本图是遗迹中心一个 3 光年大小的区域，"哈勃"能轻松地观测到这颗已经死亡的恒星坍缩的内核。图片中心有一对明亮的恒星，曾爆发的是右边那颗（左边的与之无关）。核心是一颗中子星，这是一个密度超级大的物质球，每秒疯狂旋转 30 次。它相当于一个致密的原子核，有一座城市那么大。中子星像机关枪一样发射辐射和反物质粒子流。这个回旋发电机能产生一种神秘的类似光晕的磁环，并以一半光速的速度膨胀，在整个区域泛起涟漪，就像一粒石头落在池塘里那样。

爆炸产生的橙色絮状物与残留辐射相互辉映。但很奇怪的是，它们都沐浴在不太常见的蓝光里。这个现象叫作同步辐射，是电子绕中子星致密的磁力线旋转产生的。

前往银心的旅程

  "哈勃"的近红外望远镜能穿透星际尘埃，拍摄 27,000 光年外的银河系中心。银心就像繁华的城市中心，非常拥挤，密集程度相当于把一百万颗恒星挤在太阳与距其最近的恒星系统半人马座 α（4.3光年）之间的空间里。图中亮蓝色的恒星是前景恒星。而红色的恒星要么是笼罩在尘埃里，要么是被前方的尘埃遮蔽。浓密的气体尘埃云在明亮背景恒星的衬托下露出剪影。图片中心是银河系的超大质量黑洞，是太阳质量的 400 万倍，被星际气体和尘埃所遮蔽。黑洞周围有一个含有 1 千万颗恒星的致密星团。

NGC2174

炽热的年轻恒星喷涌的辐射冲入尘埃围绕的冰冷氢云，造就了这番奇妙的景象。NGC2174 是位于猎户座中的恒星形成区，距离我们 6400 光年，本图是它的边缘。恒星会在这些尘埃云中持续形成，又会在几百万年内被这些元气满满的年轻恒星驱散。这一小块区域大约有 6 光年。暗黑色和红色的尘埃云向外涌出，在亮蓝色气体的背景下形成这样的结构。年轻的亮白色恒星在发光的云层中闪烁，把孕育它们的幽暗恒星育儿所慢慢推开。

葫芦星云

第一眼看去，这个奇怪的星际天体有点像科幻电影里的星际飞船。葫芦星云是类太阳恒星死亡时的典型阶段。恒星慢慢变老，期间会经历一次迅速的转变：从膨胀的红巨星变成行星状星云。这个阶段的恒星，外层大气非常热，甚至会沿着这颗将死恒星的自转轴逃逸到宇宙深处。天文学家认为，此图中的许多气流产生于 800 年前的一次突然加速。这股类似喷流的气体获得了每小时100 万千米的速度。

NGC4388 星系的亮蓝色旋臂

　　NGC4388 星系距离我们约 6 千万光年，看起来像一个典型的旋涡星系，有着尘埃遍布的恒星盘和明亮的中心内核。最奇特的是，两条十分耀眼的蓝色旋臂从星系中心蜿蜒而出。这两条旋臂都由炽热的年轻蓝色恒星组成，说明 NGC4388 最新爆发了不少新恒星。鉴于它如此明亮的内核，NGC4388 称得上是室女座星团中最亮的星系了。

帷幕星云

　　这片曼妙无比的气态光帷是 8000 年前一颗恒星爆炸后留下的全部。这张图是帷幕星云的一小部分，它就是天上最著名的超新星遗迹。这片像气泡一样的结构，位于天鹅座方向距离地球 2100 光年的地方，因此也被称为天鹅圈，尺度跨越 110 光年左右。从地球上看，它所占的天区大概是 7 倍满月直径那么大。

　　这张"哈勃"图片是将超新星遗迹西边，星云边缘的一小部分进行了放大。这个部分叫作 NGC6960，也称作巫婆扫帚星云。

　　超新星爆炸前，这颗将死的恒星不断膨胀，喷出一股超高温的气流。就像一个不断膨胀的肥皂泡，在周围致密的星际气体中吹出一个空腔。

　　超新星的冲击波向外扩张，狠狠地撞击在空腔内壁上。于是，所谓的冲击波前就形成了星团中这个神奇的结构。冲击波与相对致密的腔壁相互作用，形成了明亮的帷幕，而物质稀少的地方就形成较为暗弱的结构。化学元素的温度变化和密度变化让帷幕星云变得五光十色。

烟花星系

恒星诞生时产生的猛烈爆发照亮了小星系 Kiso 5639 的一端。这个矮星系的形状就像一个摊平的煎饼。但"哈勃"是从它倾斜的侧面看过去的，所以从这张图上看，它像一个火箭，头部明亮闪耀，尾部群星荟萃。天文学家认为这次恒星诞生看起来如此狂暴，是因为星系际气体在空间中游荡时飘落在星系的一端，将它点亮。Kiso 5639 为我们近距离揭示了很久之前宇宙中经常发生的普遍现象，即年轻星系从周围环境中吸收气体，迅速增长。"哈勃"望远镜超深场对早期宇宙的观测表明，10% 的星系都会像这样拉伸得很长，我们将这种星系统称为"蝌蚪星系"。

造父变星：船尾座 RS（左图）

这颗明亮的南天恒星叫作船尾座 RS，看起来像点着亮灯的节日花环，紧紧包裹在尘埃构成的薄雾中。闪耀的恒星照亮了这些反光的尘埃。船尾座 RS 有节律地明暗变化，周期为六周。这颗恒星一生中的大部分时间都在稳定地燃烧，慢慢消耗内核的燃料，让自己保持明亮。不过一旦大部分氢原料消耗殆尽，它就会变得极不稳定。如今，它每 40 天膨胀收缩一次，明暗交替，十分有规律。这种恒星叫作造父变星，其中船尾座 RS 比较特别，它是这类恒星中最亮的那种。而且它还有星云包裹，那是一个将死恒星向宇宙中喷射的尘埃和气体所组成的球壳。随着造父变星的亮度波动，外围星云的亮度也在变化。

NGC4696 中黑洞的下一顿大餐

幽暗尘埃和红色的发光气体包裹着大型椭圆星系 NGC4696 明亮的中心。这些纤维打着转儿，向内弯曲延伸，围绕超大质量黑洞不停旋转，终将会被这个宇宙怪兽拖走吞噬。它的宿主星系是巨大的半人马座星团中最大的成员，距离我们 1 亿 5 千万光年。

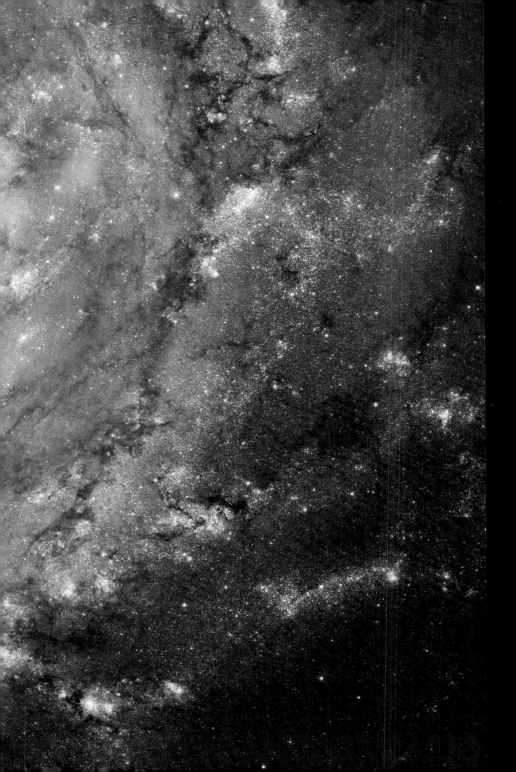

南天风车星系

    M83 星系也叫作南天风车星系，是离我们最近的棒旋星系。图中为我们展示了棒旋星系的鸟瞰图，如此宏伟壮观、色彩缤纷。在几千颗明亮的蓝色星团的映衬下，暗色尘埃清晰地勾勒出主要旋臂的剪影。粉红色的恒星形成区沿着蓝色的小路，就像镶嵌在项链里的石榴石。丰富的色彩说明这个星系比我们银河系形成恒星的过程更为剧烈。由于大质量恒星出生后几百万年，就开始了自我毁灭的进程，恒星诞生迅速让位于烟火般绚烂的超新星爆发。

    一对主旋臂在中央区形成了棒状结构。它们通过这段狭窄的空间，把气体从外吸入星系内核。气体被用于形成新恒星，供养星系中心的黑洞，这就解释了为什么包括 M83 在内的许多棒旋星系都有十分活跃而明亮的中心。

    风车星系距离我们 1200 万光年，靠近水蛇座的南端。整个星系直径约为 40,000 光年，是我们银河系直径的一半。

创生之柱的高清图像

创生之柱是"哈勃"所拍摄过的最摄人心魄的天体，值得用"哈勃"的新仪器 WFC3 再拍一遍。天文学家想获得创生之柱的高清影像。与"哈勃"1995 年的快照（第 85 页）相比，这张新照片以更高的清晰度将视场扩展到创生之柱的底部。

这三根巨大的冷气体柱给人一种活体的感觉，它们沐浴在鹰状星云（M16）一角的年轻大质量恒星发射的炽热紫外光里。尽管这些看起来像象鼻的结构在恒星形成区里并不罕见，但 M16 的这个结构仍是迄今为止最上镜，最能引起共鸣的一个。

与名字"创生"完全相反，这些石笋状的结构实际上正在被炽热的年轻恒星所发射的剧烈辐射灼烧着。柱体周围致密边缘有着鬼魅的蓝色光晕，这是物质被加热，挥发到星际空间的现象。创生之柱离我们太过遥远，因此"哈勃"拍摄的是它们在 6500 年前的样子。如今，它们很可能已经像潮水摧毁沙堡一样，被宇宙的"浪潮"所驱散。图中，接近柱体的浪潮是超新星发射的冲击波。不过揭示这个毁灭过程的星光还需要大概 1000 年才能到达地球。

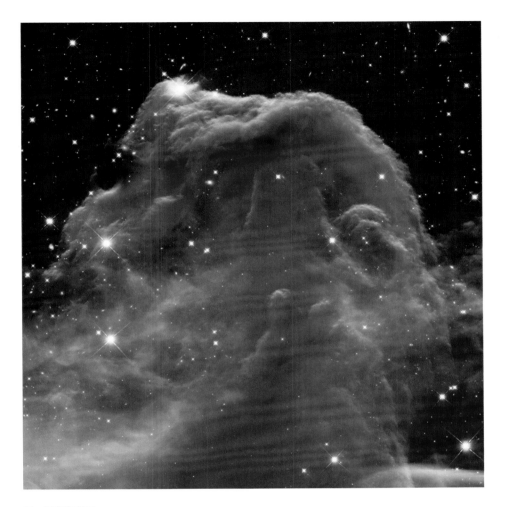

另一种颜色的马

天文图像史上最具标志性的天体当属 1888 年拍摄的马头星云了。这个星云看起来有点像一只巨大的海马从湍急的波涛中浮出水面。跟鹰状星云一样，它也是一股混着冷尘埃的氢气柱，正经受年轻恒星形成区的强烈星光侵蚀。天文学家估计马头星云大概还有 500 万年的寿命，之后就会被猛烈的辐射毁灭。

尽管此前已拍摄过很多次马头星云的图片，但"哈勃"这次采用的波段不同。这张图片在红外波段拍摄，因此可以透过遮蔽星云内部的尘埃。图片呈现出由纤细云层构成的精巧缥缈的结构，与可见光波段的星云外观迥异。该星云位于 1600 光年之外的猎户座方向。

詹姆斯韦伯空间望远镜

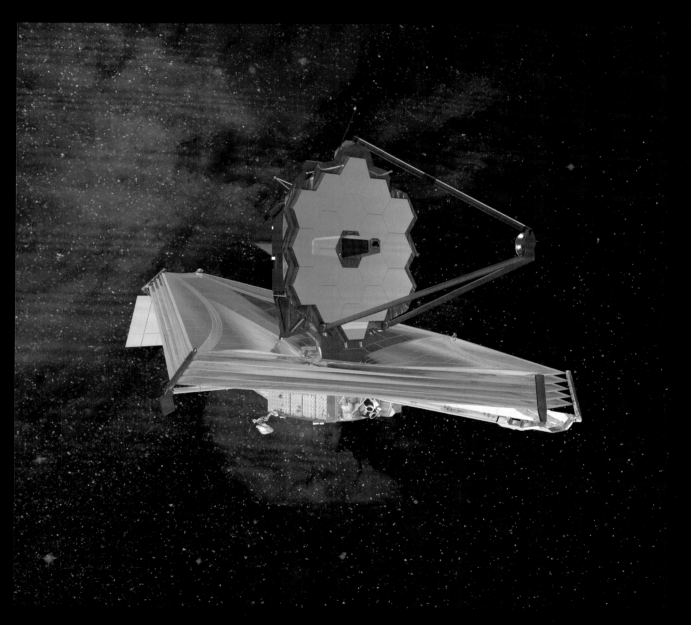

詹姆斯韦伯空间望远镜

　　NASA 詹姆斯韦伯空间望远镜计划于 2021 年发射升空，前往地月系统之间、距月球几百万千米的一处引力稳定、黑暗寒冷的地方。"韦伯"有着巨大的拼接镜面，集光能力是"哈勃"的七倍。"韦伯"会接替"哈勃"的工作，窥测宇宙的更深处，探索更为久远的过去。

　　"韦伯"的能力很重要。因为恒星和星系最初形成于 130 亿年前，它们所发出的可见光在宇宙膨胀的影响下，被拉伸到了红外波段。"哈勃"无法探测到这种光。而"韦伯"在巨大的太阳阴影中冷却至 −225 ℃，可以用红外视觉看到原初宇宙的未知景象。天文学家预测，大爆炸发生后 2 亿年左右，恒星开始形成，同时形成了胚胎星系。通过捕捉这些天体的原始光线，"韦伯"会为我们揭开宇宙起源史的序幕。

　　"韦伯"也会观测我们家园周围的地方，在太阳附近恒星的行星上，寻找生命的生物化学特征。"韦伯"在近红外波段工作的能力，有助于它在恒星宜居区内的类地行星上探测氧气、臭氧、水蒸气、甲烷和二氧化碳的迹象。

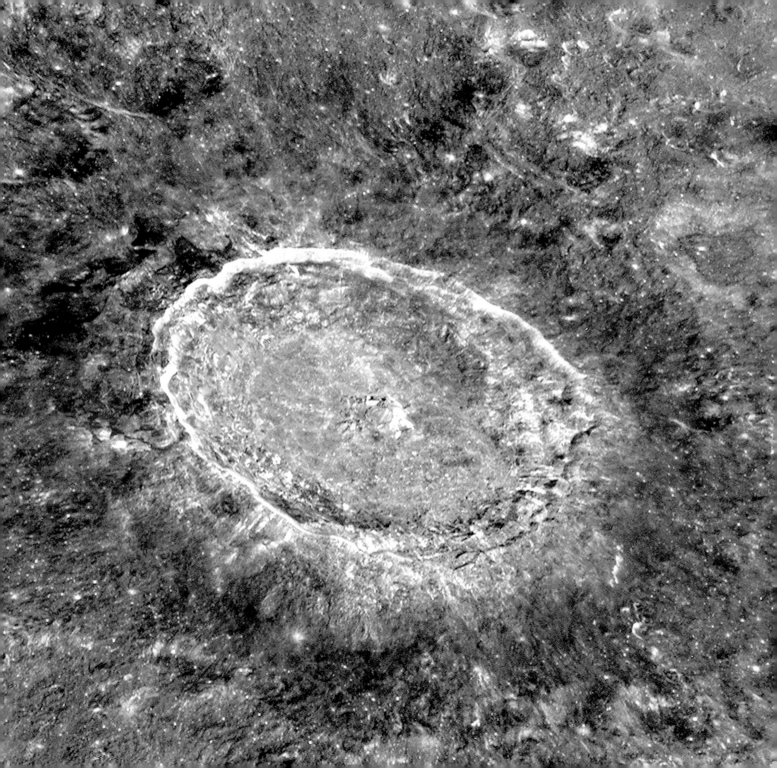

资源

HUBBLE DVDS

Hubble: 15 Years of Discovery. DVD. Directed by Lars Lindberg Christensen. European Space Agency, 2005.

Hubble's Amazing Rescue. DVD. Directed by Rushmore DeNooyer. Boston: Nova/WGBH, 2010.

IMAX: Hubble. DVD. Produced and directed by Toni Myers. Warner Bros. Picture Production in cooperation with NASA, 2010.

Hubble: Mission Critical. DVD. Directed by Tom Whitter. Discovery Channel International, 2010.

Hubble's Amazing Universe. DVD. Directed by Dana Berry. National Geographic Television, 2010.

HUBBLE WEBSITES

http://amazing-space.stsci.edu/

http://archive.seds.org/hst/hst.html

http://asd.gsfc.nasa.gov/archive/hubble/

http://heritage.stsci.edu/

http://quest.nasa.gov/hst/

www.spacetelescope.org/

www.spacetelescope.org/projects/anniversary/

http://starchild.gsfc.nasa.gov/docs/StarChild/space_level2/hubble.html

NOTABLE BOOKS AND REPORTS

Ad Hoc Committee on the Large Space Telescope, Space Science Board, National Academy of Sciences, National Research Council. *Scientific Uses of the Large Space Telescope*. Washington, D.C.: National Academy of Sciences, 1969. First comprehensive NASA study on the astronomical potential of an orbiting space telescope.

Smith, Robert W. *The Space Telescope: A Study of NASA, Science, Technology, and Politics*. New York: Cambridge University Press, 1989. Well-written history of the concept of a space telescope and an in-depth account of the design and manufacture of the Hubble Space Telescope. Published a few months before the telescope was launched into orbit.

Capers, Robert S. and Eric S. Lipton. "The Looking Glass: How a flaw reflects cracks in space science." Hartford, Connecticut: *The Hartford Courant*, March-April 1991. This four-part series of articles about Hubble's initially flawed optics won a Pulitzer Prize.

Livio, Mario, Keith Noll and Massimo Stiavelli, eds. *A Decade of Hubble Space Telescope Science*. Proceedings of the Space Telescope Science Institute Symposium, held in Baltimore, Maryland, 11-14 May 2000. New York: Cambridge University Press, 2003.

Christensen, Lars Lindberg and Bob Fosbury. *Hubble: 15 Years of Discovery*. New York: Springer, 2006.

Hubble Space Telescope: Window to the Universe. Washington, D.C.: National Aeronautics and Space Administration, 2010 (NP-2010-04-648-HQ).

Weiler, Edward J. *Hubble: A Journey Through Space and Time*. Foreword by Charles F. Bolden, Jr. Robert Jacobs, Dwayne Brown, J. D. Harrington, Constance Moore and Bertram Ulrich, eds. New York: Abrams Books, 2010.

Zimmerman, Robert. *The Universe in a Mirror: The Saga of the Hubble Space Telescope and the Visionaries Who Built It*. Princeton, New Jersey: Princeton University Press, 2010.

这张"哈勃"图片展示的是86千米宽的月球陨击坑第谷环形山。月球轨道航天器绘制了相当详细的月球地图，因此就不太需要"哈勃"来密切关注地球的这颗天然卫星了。

索引

272

29

116

8

图片版权

3 美国国家航天局，欧洲空间局，史密松天体物理台，钱德拉 X 射线中心，加州理工学院喷气推进实验室

6 美国国家航天局，欧洲空间局

8 X 射线：美国国家航天局，欧洲空间局，史密松天体物理台，J. Hughes 等人

光学：美国国家航天局，欧洲空间局，哈勃传承团队（空间望远镜研究所 / 大学天文研究联合组织）

10 美国国家航天局，欧洲空间局 F. Paresce，R. O'Connell

11 美国国家航天局

12-13 美国国家航天局，哈勃传承团队 A. Riess

14 美国国家航天局，欧洲空间局 M. Buie

15 美国国家航天局，欧洲空间局，哈勃传承团队 J. Bell，M. Wolff

16 美国国家航天局，欧洲空间局，哈勃传承团队（空间望远镜研究所 / 大学天文研究联合组织）

17 美国国家航天局 H.E. Bond，E. Nelan，M. Barstow，M. Burleigh，J.B. Holberg

19 NASA 美国国家航天局

20-21 美国国家航天局，欧洲空间局，M. Davis

22 美国国家航天局，欧洲空间局，欧洲南方天文台

23 美国国家航天局，欧洲空间局，M. Livio，哈勃 2 周年纪念团队

24-29 美国国家航天局

30 美国国家航天局，欧洲空间局，H. Ford，G. Illingworth，M. Clampin，G. Hartig

31 美国国家航天局

32 美国国家航天局

33 美国国家航天局（两张图）

34 左图：美国国家航天局，欧洲空间局，Robert Williams；右图：美国国家航天局，欧洲空间局，Mark Dickinson

35-39 美国国家航天局，欧洲空间局，Robert Williams，哈勃深场团队

40 美国国家航天局，欧洲空间局，G. Illingworth，R. Bouwens，HUDF09 团队

41 美国国家航天局，欧洲空间局，M. Trenti，L. Bradley，BoRG 团队

42 空间望远镜研究所

43 美国国家航天局，欧洲空间局，Roeland P. van der Marel，Frank C. van den Bosch

44 左侧（两张图）：美国国家航天局，欧洲空间局，Gary Bower，Richard Green.

上图：美国国家航天局，欧洲空间局，D. Batcheldor，E. Perlman，哈勃传承团队，J. Biretta，W. Sparks，F.D. Macchetto.

右图：美国国家航天局，欧洲空间局，John Bahcall，Mike Disney

45 美国国家航天局，欧洲空间局，S. Farrell

46 上图：美国国家航天局，下图：美国国家航天局 / 威尔金森微波各向异性探测器

47 上图：美国国家航天局，下图：美国国家航天局，欧洲空间局 A. Riess

48 美国国家航天局，欧洲空间局，A. Riess，S. Rodney

49 A 场 / 空间望远镜研究所 50 A 场 / 空间望远镜研究所

51 左：美国国家航天局，HST，W. Freedman，R. Kennicutt，J. Mould.
右：Wendy L. Freedman，美国国家航天局

52 美国国家航天局，欧洲空间局，A. Riess，L. Macri，哈勃传承团队（空间望远镜研究所 / 大学天文研究联合组织）

53 G. Bacon/ 空间望远镜研究所（两张图）

54 G. Bacon/ 空间望远镜研究所（两张图）

55：美国国家航天局，欧洲空间局，钱德拉 X 射线中心，A. Mahdavi

56 美国国家航天局，欧洲空间局，钱德拉 X 射线中心，M. Markevitch，D.Clowe

57 美国国家航天局，欧洲空间局，L. Bradley，R. Bouwens，H. Ford，G. Illingworth

58 美国国家航天局，欧洲空间局，M. Robberto，哈勃太空望远镜猎户座

宝库项目组

59 美国国家光学天文台

60 美国国家光学天文台（全部图片）

61 Palomar Digital Sky Survey

62-63 美国国家航天局，欧洲空间局，Steve Lee，Jim Bell，Mike Wolff

64 上图：美国国家航天局，欧洲空间局，Ground Image：Canada-France-Hawaii Telescope，Hawaii. 下图：美国国家航天局，欧洲空间局，D. Lafrenière

65 美国国家航天局，欧洲空间局，哈勃传承团队（空间望远镜研究所 / 大学天文研究联合组织），R. Gendler

66 美国国家航天局 / 喷气推进实验室

67 Alan Dyer

68 美国国家航天局（全部图片）

69 美国国家航天局（全部图片）

70-71 美国国家航天局，欧洲空间局，M. Robberto，哈勃太空望远镜猎户座宝库项目组

72 美国国家航天局

73 美国国家航天局，欧洲空间局，史密松天体物理台，钱德拉 X 射线中心，加州理工学院喷气推进实验室

74 右：美国国家航天局，欧洲空间局，R. O'Connell，B. Whitmore，M. Dopita. 左：欧洲南方天文台

75 美国国家航天局，欧洲空间局，Alan Stern，Marc Buie

76 美国国家航天局，欧洲空间局，哈勃传承团队（大学天文研究联合组织 / 空间望远镜研究所）

77 美国国家航天局，欧洲空间局，F. Paresce，R. O'Connell（两张图）

78 美国国家航天局，欧洲空间局，D. Maoz

79 上图：美国国家航天局，欧洲空间局，Hubble Heritage Team. 下图：美国国家航天局，欧洲空间局，哈勃传承团队（大学天文研究联合组织 / 空间望远镜研究所）

80 上图：美国国家航天局，欧洲空间局，M. Regan，B. Whitmore，R. Chandar. 下图：美国国家航天局，欧洲空间局，J. Garvin 81 上图：美国国家航天局，欧洲空间局，Michael S. Vogeley. 下图：美国国家航天局，欧洲空间局，J. Madrid

82 美国国家航天局，欧洲空间局，哈勃传承团队（空间望远镜研究所 / 大学天文研究联合组织）

83 美国国家航天局，欧洲空间局，N. Smith，哈勃传承团队

84 美国国家航天局，欧洲空间局，哈勃传承团队（空间望远镜研究所 / 大学天文研究联合组织）（两张图）

85 美国国家航天局，欧洲空间局，J. Hester，P. Scowen

86-87 美国国家航天局，欧洲空间局，M. Robberto，哈勃太空望远镜猎户座宝库项目组

88-89 美国国家航天局，欧洲空间局，M. Robberto，哈勃太空望远镜猎户座宝库项目组

90 左：美国国家航天局，欧洲空间局，C.R. O'Dell. 右 美国国家航天局，欧洲空间局，K.L. Luhma，G. Schneider，E. Young，G. Rieke，A. Cotera，H. Chen，M. Rieke，R. Thompson

91 美国国家航天局，欧洲空间局

92 左：美国国家航天局，欧洲空间局 . 右：美国国家航天局，欧洲空间局，J. Hester

93 T. A. Rector，威斯康星州-印第安纳州-耶鲁大学-美国国家光学天文台 / 大学天文研究联合组织 / 国家科学基金会

94-95 美国国家航天局，欧洲空间局，哈勃传承团队（空间望远镜研究所 / 大学天文研究联合组织）

96 美国国家航天局，欧洲空间局，Orsola De Marco

97 美国国家航天局，欧洲空间局，J. Hester

98 左：美国国家航天局，欧洲空间局，R. Sahai. 右：美国国家航天局，欧洲空间局，A. Caulet

99 美国国家航天局，欧洲空间局 100 美国国家航天局，欧洲空间局

101 美国国家航天局，欧洲空间局，哈勃传承团队（空间望远镜研究所 / 大学天文研究联合组织）

102-103 美国国家航天局，欧洲空间局，N. Smith，哈勃传承团队（空间望远镜研究所 / 大学天文研究联合组织）

104-105（空间望远镜研究所 / 大学天文研究联合组织）

106 美国国家航天局，欧洲空间局，N. Smith（加州大学，博客利分校），哈勃传承团队（空间望远镜研究所 / 大学天文研究联合组织）

107 美国国家航天局，欧洲空间局，N. Smith（加州大学，博客利分校），哈勃传承团队（空间望远镜研究所 / 大学天文研究联合组织）（两张图）

108 美国国家航天局，欧洲空间局，N. Smith（加州大学，博客利分校），哈勃传承团队（空间望远镜研究所 / 大学天文研究联合组织）

109 美国国家航天局，欧洲空间局，哈勃 SM4 极红天体团队

110 美国国家航天局，欧洲空间局，哈勃传承团队（空间望远镜研究所 / 大学天文研究联合组织

111 美国国家航天局，欧洲空间局，哈勃传承团队（空间望远镜研究所 / 大学天文研究联合组织）

112-113 美国国家航天局，欧洲空间局

114 Terence Dickinson

115 Alan Dyer

116-121 美国国家航天局，欧洲空间局，D. Lennon，E. Sabbi

122 美国国家航天局，欧洲空间局

123 美国国家航天局，欧洲空间局，Mohammad Heydari-Malayer

124 美国国家航天局，欧洲空间局，Jesús Maiz Apellániz

125 美国国家航天局，欧洲空间局，A. Nota

126 美国国家航天局，欧洲空间局，哈勃传承团队（空间望远镜研究所 / 大学天文研究联合组织）

127 美国国家航天局，欧洲空间局，哈勃传承团队（空间望远镜研究所 / 大学天文研究联合组织）

128 上图和下图：美国国家航天局，欧洲空间局，Mohammad Heydari-Malayeri

129 美国国家航天局，欧洲空间局，Q. D. Wang，S. Stolovy

130 美国国家航天局，欧洲空间局，哈勃传承团队（空间望远镜研究所 / 大学天文研究联合组织）

131 上图：Rémi Lacasse. 下图：美国国家航天局，欧洲空间局，Hui Yang

132 美国国家航天局，欧洲空间局

133 美国国家航天局，欧洲空间局

134 美国国家航天局，欧洲空间局，哈勃 SM4 极红天体团队

135 美国国家航天局，欧洲空间局，哈勃传承团队（空间望远镜研究所 / 大学天文研究联合组织）

136-137 美国国家航天局，欧洲空间局

138 美国国家航天局，欧洲空间局

139 美国国家航天局，欧洲空间局，哈勃传承团队（空间望远镜研究所 / 大学天文研究联合组织）

140 美国国家航天局，欧洲空间局（两张图）

141 上图：美国国家航天局，欧洲空间局，J. Bally，H. Throop，C. O'Dell. Center：美国国家航天局，欧洲空间局，C. Burrows，WFPC 2 Investigation Definition Team. 下图：美国国家航天局，欧洲空间局，P. Hartigan

142 左：美国国家航天局，欧洲空间局，K. Luhman. 上图：美国国家航天局，欧洲空间局，J. Walsh. 下图：美国国家航天局，欧洲空间局，D. Golimow ski，D. Ardila，J. Krist，M. Clampin，H. Ford，G. Illingworth，ACS 科学团队

143 上图：美国国家航天局，欧洲空间局，K. Sahu. 下图：美国国家航天局，欧洲空间局，P. Kalas，J. Graham，E. Chiang，E. Kite，M. Clampin，M. Fitzgerald，K. Stapelfeldt，J. Krist

144 美国国家航天局，欧洲空间局

145 上图：美国国家航天局，欧洲空间局，哈勃传承团队（空间望远镜研究所 / 大学天文研究联合组织）. 下图：美国国家航天局，欧洲空间局

146 美国国家航天局，欧洲空间局

147 美国国家航天局，欧洲空间局

148 美国国家航天局，欧洲空间局

149 上图：美国国家航天局，欧洲空间局，Martino Romaniello. 下图：美国国家航天局，哈勃传承团队（空间望远镜研究所 / 大学天文研究联合组织）

150 上图：美国国家航天局，欧洲空间局，Yves Grosdidier. 下图：美国国家航天局，欧洲空间局，D Feiger

151 美国国家航天局，欧洲空间局，D. A Gouliermis

152-153 美国国家航天局，欧洲空间局，Jesús Maíz Apellániz

154-155 美国国家航天局，欧洲空间局

156 美国国家航天局，欧洲空间局，M. Robberto，哈勃太空望远镜猎户座宝库项目组

157 美国国家航天局，欧洲空间局

158 美国国家航天局，欧洲空间局，哈勃传承团队（空间望远镜研究所 / 大学天文研究联合组织）

160 美国国家航天局

161 左：美国国家航天局，欧洲空间局 . 右：美国国家航天局，欧洲空间局

162 美国国家航天局，欧洲空间局

163 美国国家航天局，欧洲空间局

164 美国国家航天局，欧洲空间局，D. Lennon，E. Sabbi

165 美国国家航天局，欧洲空间局，D. Lennon，E. Sabbi

166 左：美国国家航天局，欧洲空间局，R. Humphreys. 右：美国国家航天局，欧洲空间局

167 左：美国国家航天局，欧洲空间局，哈勃传承团队（空间望远镜研究所 / 大学天文研究联合组织）. 右：美国国家航天局，欧洲空间局，A. Dupree，R. Gilliland

168 上图：美国国家航天局，欧洲空间局 . 下图：美国国家航天局，欧洲空间局

169 上图：美国国家航天局，欧洲空间局，哈勃传承团队（空间望远镜研究所 / 大学天文研究联合组织）. 下图：美国国家航天局；欧洲空间局；H. Van Winckel，M. Cohen

170 美国国家航天局，欧洲空间局，哈勃传承团队（空间望远镜研究所 / 大学天文研究联合组织）

171 北欧光学望远镜

172 美国国家航天局，欧洲空间局，哈勃 SM4 极红天体团队

173 美国国家航天局，美国国家光学天文台，欧洲空间局，哈勃螺旋星系团队，M. Meixner，T.A. Rector

174 美国国家航天局，欧洲空间局

175 美国国家航天局，欧洲空间局

176 美国国家航天局，欧洲空间局，哈勃传承团队（空间望远镜研究所 / 大学天文研究联合组织）

177 美国国家航天局，欧洲空间局，A. Fruchter

178 美国国家航天局，欧洲空间局，哈勃传承团队（空间望远镜研究所 / 大学天文研究联合组织）

179 上图：美国国家航天局，欧洲空间局 . 下图：美国国家航天局，欧洲空间局

180 美国国家航天局，欧洲空间局（全部图片）

181 美国国家航天局，欧洲空间局（两张图）

182 美国国家航天局，欧洲空间局，P. Challis，R. Kirshner，B. Sugerman

183 美国国家航天局，欧洲空间局，哈勃 SM4 极红天体团队

184 左：美国国家航天局，欧洲空间局，哈勃传承团队（空间望远镜研究所 / 大学天文研究联合组织）（全部图片）. 右：James Black

185 美国国家航天局，欧洲空间局，哈勃传承团队（空间望远镜研究所 / 大学天文研究联合组织）

186 美国国家航天局，欧洲空间局，A. Loll，J. Hester

187 美国国家航天局，欧洲空间局，A. Loll，J. Hester

188 美国国家航天局，欧洲空间局，钱德拉 X 射线中心，J. Hester

189 美国国家航天局，欧洲空间局，哈勃传承团队（空间望远镜研究所 / 大学天文研究联合组织）

190 国家超级计算机应用中心，M. Hall

192 美国国家航天局，欧洲空间局

193 欧洲空间局

194 美国国家航天局，欧洲空间局，J. Merten，D. Coe

196-197 欧洲空间局，美国国家航天局，J.-P. Kneib，R. Ellis

198 美国国家航天局，欧洲空间局，J. Rigby

199 上图：美国国家航天局，欧洲空间局 . 下图 美国国家航天局，欧洲空间局，SLACS 调查组

200-201 美国国家航天局，欧洲空间局，K. Sharon，E. Ofek

202 美国国家航天局，欧洲空间局

203 美国国家航天局，欧洲空间局，M. Postman，CLASH 团队

204 美国国家航天局，欧洲空间局，H. Ford，N. Benitez，T. Broadhurst

205 美国国家航天局，欧洲空间局，哈勃 SM4 极红天体团队（全部图片）

206 美国国家航天局，欧洲空间局，D. Coe，N. Benitez，T. Broadhurst，H. Ford

207 左：美国国家航天局，欧洲空间局，R. Massey. 右：美国国家航天局，欧洲空间局，C. Faure，J. P. Kneib（全部图片）

208 美国国家航天局，欧洲空间局，M.J. Jee，H. Ford

209 美国国家航天局，欧洲空间局，C. Heymans，M. Gray，M. Barden，STAGES collaboration

210 美国国家航天局，欧洲空间局，钱德拉 X 射线中心，M. Bradac，S. Allen

211 美国国家航天局，欧洲空间局，CFHT，CXO，M. J. Jee，A. Mahdavi

212 美国国家航天局，欧洲空间局，哈勃传承团队（空间望远镜研究所 / 大学天文研究联合组织）

214-215 美国国家航天局，欧洲空间局，S. Beckwith，哈勃传承团队（空间望远镜研究所 / 大学天文研究联合组织）

216 美国国家航天局，欧洲空间局

217 美国国家航天局，欧洲空间局，J. Lotz，M. Davis，A. Koekemoer（全部图片）

218-227 美国国家航天局，欧洲空间局，M. Davis，A. Koekemoer

228 美国国家航天局，欧洲空间局，哈勃传承团队（空间望远镜研究所 / 大学天文研究联合组织）

229 美国国家航天局，欧洲空间局，Y. Izotov，T. Thuan

230 美国国家航天局，欧洲空间局

231-233 美国国家航天局，欧洲空间局，哈勃传承团队（空间望远镜研究所 / 大学天文研究联合组织）

234 美国国家航天局，欧洲空间局，K. Kuntz，F. Br 欧洲南方天文台 lin，J. Trauger，J. Mould，Y.-H. Chu

235 美国国家航天局，欧洲空间局，哈勃传承团队（空间望远镜研究所 / 大学天文研究联合组织）

236-237 美国国家航天局，欧洲空间局，哈勃传承团队（空间望远镜研究所 / 大学天文研究联合组织）

238-239 美国国家航天局，欧洲空间局，哈勃传承团队（空间望远镜研究所 / 大学天文研究联合组织）

240 美国国家航天局，欧洲空间局，哈勃传承团队（空间望远镜研究所 / 大学天文研究联合组织）

241 上图：美国国家航天局，欧洲空间局，哈勃传承团队（空间望远镜研究所 / 大学天文研究联合组织）. 下图：美国国家航天局，欧洲空间局

242 美国国家航天局，欧洲空间局，哈勃传承团队（空间望远镜研究所 / 大学天文研究联合组织）

243 美国国家航天局，欧洲空间局，A. Aloisi，哈勃传承团队（空间望远镜研究所 / 大学天文研究联合组织）

244 美国国家航天局，欧洲空间局，哈勃传承团队（空间望远镜研究所 / 大学天文研究联合组织）

245 欧洲南方天文台

246 美国国家航天局，欧洲空间局，S. Gallagher，J. English

247 美国国家航天局，欧洲空间局，哈勃传承团队（空间望远镜研究所 / 大学天文研究联合组织）

248 美国国家航天局，欧洲空间局，哈勃传承团队（空间望远镜研究所 / 大学天文研究联合组织）

249 美国国家光学天文台

250 美国国家航天局，欧洲空间局，H. Ford，G. Illingworth，M.Clampin，G. Hartig，ACS 科学团队

251 美国国家航天局，欧洲空间局，H. Ford，G. Illingworth，M.Clampin，G. Hartig，ACS 科学团队

252-255 美国国家航天局，欧洲空间局，哈勃传承团队（空间望远镜研究所 / 大学天文研究联合组织）

256 美国国家航天局，欧洲空间局，哈勃 SM4 极红天体团队

257 美国国家航天局，欧洲空间局，哈勃传承团队（空间望远镜研究所 / 大学天文研究联合组织）

258 美国国家航天局，欧洲空间局

259 美国国家航天局，欧洲空间局

260-261 美国国家航天局，欧洲空间局，哈勃传承团队（空间望远镜研究所 / 大学天文研究联合组织）

262 美国国家航天局，欧洲空间局，E. Karkoschka

264 美国国家航天局，欧洲空间局（全部图片）

265 美国国家航天局，欧洲空间局，哈勃传承团队（空间望远镜研究所 / 大学天文研究联合组织）

266 左：美国国家航天局，欧洲空间局，H. Hammel（两张图）. 右：美国国家航天局，欧洲空间局，J. Spencer

267 美国国家航天局，欧洲空间局，J. Spencer

268 美国国家航天局，欧洲空间局

269 美国国家航天局，欧洲空间局

270 美国国家航天局，欧洲空间局，P. James，S. Lee（两张图）

271 美国国家航天局，欧洲空间局，J. Bell，M. Wolff

272-273 美国国家航天局，欧洲空间局，哈勃传承团队（空间望远镜研究所 / 大学天文研究联合组织）

274 美国国家航天局，欧洲空间局，哈勃传承团队（空间望远镜研究所 / 大学天文研究联合组织）

275 左：美国国家航天局，欧洲空间局，J. Clarke. 右：美国国家航天局，欧洲空间局，哈勃传承团队（空间望远镜研究所 / 大学天文研究联合组织）

276 美国国家航天局，喷气推进实验室

277 上图 左：美国国家航天局，欧洲空间局，E. Karkoschka. 上图 右：美国国家航天局，欧洲空间局，L. Sromovsky，H. Hammel，K. Rages. 下图 左：美国国家航天局，欧洲空间局，哈勃传承团队（空间望远镜研究所 / 大学天文研究联合组织）. 下图 右：美国国家航天局，欧洲空间局，H. Weaver，A. Stern

278 美国国家航天局，欧洲空间局

280 左：美国国家航天局，欧洲空间局，哈勃传承团队（空间望远镜研究所 / 大学天文研究联合组织）. 右 美国国家航天局，欧洲空间局，H. Hammel

281 美国国家航天局，欧洲空间局，哈勃传承团队（空间望远镜研究所 / 大学天文研究联合组织）

282 美国国家航天局，欧洲空间局，W. Keel，Galaxy Zoo Team

283 美国国家航天局，欧洲空间局，H.Bond，哈勃传承团队（空间望远镜研究所 / 大学天文研究联合组织）

284 美国国家航天局，欧洲空间局，D. Jewitt

285 美国国家航天局，欧洲空间局，M. Wong，I. de Pater（全部图片）

286 左：美国国家航天局，欧洲空间局，H. Weaver，M. Mutchler. 右：美国国家航天局，欧洲空间局，S. Tereby

287 美国国家航天局，欧洲空间局，M. H. Wong，H.Hammel，I. de Pater，Jupiter Impact Team（全部图片）

288 左：美国国家航天局，欧洲空间局，J. Krist，K. Stapelfeldt，J. Hester，C. Burrows. 右：美国国家航天局，欧洲空间局，N. Tanvir，A. Fruchter

289 美国国家航天局，欧洲空间局，哈勃传承团队（空间望远镜研究所 / 大学天文研究联合组织）

290 左：美国国家航天局，欧洲空间局，J. Kenney，E. Yale. 右：美国国家航天局，欧洲空间局，R. Sahai

291 美国国家航天局，欧洲空间局，哈勃传承团队（空间望远镜研究所 / 大学天文研究联合组织）（两张图）

292 美国国家航天局，欧洲空间局，K. Barbary，Supernova Cosmology Project（两张图）

293 美国国家航天局，欧洲空间局，D. Evans

294 美国国家航天局，欧洲空间局，哈勃传承团队（空间望远镜研究所）

296 美国国家航天局，欧洲空间局

297 美国国家航天局，欧洲空间局，R. Gendler

298 美国国家航天局，欧洲空间局

299 美国国家航天局，欧洲空间局

300 上图：美国国家航天局，欧洲空间局，A. Simon（戈达德航天中心）. 下图：美国国家航天局，欧洲空间局，J. Nichols（University of Leicester），A. Simon（美国国家航天局），OPAL 团队

301 美国国家航天局，欧洲空间局，钱德拉 X 射线中心，美国国家射电天文台，R. van Weeren（Harvard-Smithsonian Center for Astrophysics），G. Ogrean（斯坦福大学）

302 R. Gendler

303-307 美国国家航天局，欧洲空间局，J. Dalcanton，B.F. Williams and L.C. Johnson（华盛顿大学），the PHAT 团队，R. Gendler

308 美国国家航天局，欧洲空间局，H. Teplitz，M. Rafelski（加州理工学院），A. Koekemoer（空间望远镜研究所），R. Windhorst（亚利桑那州立大学）

309 美国国家航天局，欧洲空间局，J. Lotz（空间望远镜研究所）

310 美国国家航天局，欧洲空间局，哈勃传承团队（空间望远镜研究所），A. Nota（欧洲空间局 / 空间望远镜研究所），Westerlund 2 科学团队

311 美国国家航天局，欧洲空间局，J. Bell（ASU），M. Wolff（太空科学研究所）

312 左：美国国家航天局，欧洲空间局，D. Padgett（戈达德航天中心），T. Megeath（托莱多大学），B. Reipurth（夏威夷大学）. 右：美国国家航天局，欧洲空间局，J. Hester（亚利桑那州立大学），M. Weisskopf（美国国家航天局）

313 美国国家航天局，欧洲空间局，the 哈勃传承团队（空间望远镜研究所），T. Do 和 A. Ghez（加州大学伯克利分校），V. Bajaj（空间望远镜研究所）

314 左：美国国家航天局 / 欧洲空间局 . 右：美国国家航天局，欧洲空间局，Judy Schmidt

315 美国国家航天局，欧洲空间局

316 美国国家航天局，欧洲空间局，哈勃传承团队（空间望远镜研究所）

318 美国国家航天局，欧洲空间局，哈勃传承团队（空间望远镜研究所），H. Bond（宾夕法尼亚州立大学）

319 上图：美国国家航天局，欧洲空间局，D. Elmegreen（瓦萨学院）. 下图：美国国家航天局，欧洲空间局，A. Fabian（剑桥大学）

320 美国国家航天局，欧洲空间局

322 美国国家航天局，欧洲空间局，哈勃传承团队（空间望远镜研究所）

323 美国国家航天局 , 欧洲空间局 , 哈勃传承团队（空间望远镜研究所）

324-325 美国国家航天局

326 美国国家航天局 , 欧洲空间局 , H. Bond, 哈勃传承团队（空间望远镜研究所 / 大学天文研究联合组织）

图书在版编目（CIP）数据

"哈勃"的宇宙 /（加）特伦斯·迪金森著；刘晗，谢懿，余恒译 . — 长沙：湖南科学技术出版社，2020.10（2024.10 重印）
ISBN 978-7-5710-0645-7

Ⅰ . ①哈… Ⅱ . ①特… ②刘… ③谢… ④余… Ⅲ . ①哈勃望远镜 - 普及读物 ②天文学 - 普及读物 Ⅳ . ① P1-49

中国版本图书馆 CIP 数据核字（2020）第 127186 号

湖南科学技术出版社通过姚氏顾问社获得本书中文简体版中国大陆独家出版发行权
著作权合同登记号 18-2020-098

"HABO" DE YUZHOU
"哈勃"的宇宙

著者	邮编
[加] 特伦斯·迪金森	410219
译者	版次
刘晗 谢懿 余恒	2020 年 10 月第 1 版
出版人	印次
潘晓山	2024 年 10 月第 6 次印刷
策划编辑	开本
孙桂均 李蓓 吴炜 杨波	880 mm × 920 mm 1/16
责任编辑	印张
杨波	21.25
出版发行	字数
湖南科学技术出版社	137 千字
社址	书号
长沙市芙蓉中路一段416号	ISBN 978-7-5710-0645-7
泊富国际金融中心	定价
http://www.hnstp.com	78.00 元
湖南科学技术出版社	（版权所有·翻印必究）
天猫旗舰店网址	
http://hnkjcbs.tmall.com	
印刷	
湖南天闻新华印务有限公司	
厂址	
湖南望城·湖南出版科技园